何处是我家

瞿　然◎著

图书在版编目（CIP）数据

何处是我家 / 瞿然著 . — 北京：中国华侨出版社，
2014.11

ISBN 978-7-5113-4980-4

Ⅰ . ①何…　Ⅱ . ①瞿…　Ⅲ . ①成功心理—通俗读物
Ⅳ . ① B848.4-49

中国版本图书馆 CIP 数据核字（2014）第 256568 号

●何处是我家

著　　者 / 瞿　然
责任编辑 / 文　蕾
封面设计 / 三　石
经　　销 / 新华书店
开　　本 / 710×1000 毫米　1/16　印张 19　字数 173 千字
印　　刷 / 三河市腾飞印务有限公司
版　　次 / 2015 年 1 月第 1 版　2015 年 1 月第 1 次印刷
书　　号 / ISBN 978-7-5113-4980-4
定　　价 / 36.60 元

中国华侨出版社　北京朝阳区静安里 26 号通成达大厦 3 层　　邮编 100028
法律顾问：陈鹰律师事务所
编辑部：（010）64443056　　64443979
发行部：（010）64443051　　传真：64439708
网　址：www. oveaschin. com
e-mail：oveaschin@sina. com

前　言

很小的时候，在奶奶家对面的山坡上，生着一种紫色的小花，单薄的叶片，花心紫红，外缘有浅浅的锯齿，埋在郁郁葱葱的野草里。夏季的清晨，草上有晶莹的露珠。

我那时 7 岁，还是个孩子，却老成得像个大人一样，不是很爱讲话，但很喜欢对奶奶撒娇，喜欢给奶奶讲一些自以为有趣的事情。而奶奶，无论我怎样任性淘气，也好像从来不对我发脾气。

现在想来，不是她不会生气，只是她始终对我有着宠爱。

长大后反而愈发对奶奶依赖，只是从未对她说过。但我想，她应该知道我有多在意她。

很多东西经过多年的沉淀，已经遗忘在了过去的角落。唯独那一朵朵紫色的小花，开到荼蘼，不温不火。

始终记得那画面，奶奶牵着我的手，带我爬那座斜斜缓缓的山坡。雾气蒙蒙下，远处的老房子都显得朦胧隐约。

奶奶笑着看我蹲在地上采那些小花，一朵一朵。

当时光不在，所有的都回不去了。回不去就找不到，只有回忆。回忆不具备任何力量。

待我长大后，奶奶已离世。再去奶奶家，却再也没见过那样的花朵了。

进城以后，但凡见过的只是很让人目眩的花朵，厚重的花瓣，如浓艳的胭脂一样引人入胜，看了不觉欢喜，那是骄傲的花朵。

然而会记得的，却只是那朵朵迷离的小花。深藏于记忆深处，不经意间地如飞鸟般在脑子里盘旋，"哗啦"一声，夹杂着清晨泥土潮湿的气味，劈头盖脸地撒落一地。

那时我知道，我依然在未知的路途上奔波，脚步蹒跚。

我迷路了，觉得自己就是那迷离的小花。

经过多少年以后，我依然会迷路，本来优哉游哉地走在宽阔的大马路上，却突然看到了分叉口，忍不住地慌张和兴奋，心里滋生只是想去看一看的想法，希望可以看到的，是高大的城堡和美丽的玫瑰，却忘了路上的荆棘丛丛会刺破衣衫。

忘了那玫瑰的枝茎，生有锋利的尖刺。

忘了路上的芒草，摇曳时会割破脚趾。

甚至忘了，那小路的尽头，只是荒凉的月色弥漫，就算哭到声哑，也无人救赎。

那时，多希望有一个人像奶奶一样站在那里，站成一棵树的姿势，在那片荒凉的尽头等我，紧紧抓住我的手，带我找到心灵的归宿。

可是，这个人始终没有出现。或许，正如一个哲人所说："能够救赎我们的只有自己。"

我开始学着阅读，从文字中找寻方向和力量，找寻丢失的自己。

阅读让我相信，那些美丽的誓言，每一刻都在闪闪发光；那些未经允许的段段忧伤，早晚会在手中化解。

阅读让我明白，即使我随风飞翔在云间，也总有人能看得见。就算有一天我贪玩迷了路，也知道灵魂在某一个角落静静地等着我。

阅读更让我坚定，人生的旅途其实是一个不断寻找的过程，只要不到达终点，寻找就不能中断，而那个终点，就是我们的"家"。

所以，读者们，翻开这本书吧！让它带领我们找到心灵的归宿，找到"家"的方向。

目录 CONTENTS

第三辑　努力做最真实的自己

第四辑　找到心灵的归宿

第五辑　让日子如行云流水般快意

第六辑　让生命绽放出最美丽的光彩

第一辑
聆听自己内心的声音

　　在喧嚣浮躁的现实生活中，不少人摸爬滚打了许久，却依旧找不到前进的方向。尤其是年轻人，往往志向远大，却过于心浮气躁，最终让自己陷入迷茫、彷徨而不能自拔。其实，人之所以迷茫，无法长期坚守一个目标，就在于没有真正地读懂自己，不明确自己的内心真正想要的是什么。在茫茫的人生旅途中，想要一直保持最佳的状态，就必须经常聆听自己内心的声音，找寻自己的方向，从而走向更加光辉灿烂、美好幸福的明天。

在心中树立方向

读懂了内心的渴望，才能让自己的人生价值发挥到最大，遗憾和后悔就会少很多。

人生的导航是来自心灵的声音。每个人都应该从心出发，问问什么才是自己真正想要的，真正懂得了心中的渴望，才能知道明天的路该往哪儿走。

很久很久以前，有三个生灵，在他们投胎之前，天使对他们说："我会借给你们每人一笔巨款，但是，在60年时间里，你们必须还清。"就这样，三个生灵带着自己的巨款来到了人间。

第一个人认为人生最重要的是享受人生，所以，他生命的前一半时间都在享受，简直是挥霍无度；他生命的后一半时间都在工作，非常辛苦，在他60岁那年，他将要死去，但是，欠天使的钱他没有还清。

第二个人，从他进入社会就开始努力地赚钱，在他60岁时，他早已经还清了欠天使的钱，可是，他在临死之前还在辛勤地工作。

第三个人，前20年不断地提高完善自己，然后，又用了30年时间拼命工作，终于还清了自己的欠款。最后10年，他开始周游世界，拍下各地的风景，终于，他成了有名的老年摄影家。

三个人，同样的时间，同样的环境，拥有的人生却大不一样。谁都看得出来，谁的人生更有价值，更有意义。

现实生活里，有的人拼死拼活地在社会浪潮中四处淘金；有的人飞蛾扑火般地匆匆寻觅自己的另一半；有的人心神疲惫地穿梭在工作中……但是，夜深人静的时候，他们也许会思考一个问题——我活着是为了什么？

现在社会生活节奏很快，很多人都会感觉忧伤、迷茫、彷徨，每天都疲惫地穿行于生活和工作两点之间。内心在经过生活的洗涤之后才能够真正明白自己想要的是什么。

有人说："我追求的是物质生活的享受，钱越多越好！"

有人说："我认为人生应该追求爱情，这才是完美！"

有人说："事业的成功才能证明自己的价值！"

有人说："我认为人生只要快乐就行，金钱与名利都是次要的。"

不管我们选择什么样的生活，重要的是要遵从自己的内心！

有了方向，才不会迷茫。当然，想要始终保持清醒和奋斗的状态，还要根据自己目前所处的实际情况，制订出一个较为明确、切实可行的计划，从而较为清晰地规划自己的一生。若只看到眼前的利益，漫无目的地前行，最终只能像第一个人那样一辈子操劳辛苦，临死之前还没有还清自己的债。

有一本杂志登载过这样一个故事：

故事的主人公是美国休斯敦总署的太空梭实验室里的工作人员，在他空闲的时候他会去休斯敦大学主修计算机。他工作很忙，但是，只要能挤出一点点时间，他就创作音乐，这是他最大的爱好。

后来，他认识了擅长写歌词的词作者，两个人一起共同创作。

但是，他们一点也不熟悉美国的唱片市场，没有什么渠道能帮助他们。一天，词作者突然问他："5年之后你打算做什么呢？"

他愣了一下没有回答，词作者继续说："这样说吧，5年之后你最希望你的生活是什么样的状况呢？你不用着急回答我，真正想清楚了再跟我说。"

思考了很久以后，他说："首先，我希望能出一张受欢迎且受人肯定的唱片；其次，我要住在一个有很多音乐的地方，与一些音乐界名人一起工作，那样，我会很开心。"

词作者问道："你确定是这样吗？"他十分坚定地回答："是的！"

词作者接着说："那么，现在我们把时间倒算过来。假设第五年，你有一张唱片在市场上，那么第四年，你应该与某唱片公司签约。第三年，你应该有一张拿给唱片公司的作品。第二年，你应该陆陆续续地录音了。第一年，你应该将所有要准备录音的作品全部编曲，同时准备其他相关事宜。第六个月，你应该修改好那些没有完成的作品，确定需要拿出的作品。第一个月，你应该完成目前这几首曲子。第一周，你应该将清单全部列出，并且挑出需要修改的曲子。"

接着，词作者补充道："假如五年之后与你一起工作的都是音乐界的名人，第四年，你就要拥有自己的工作室或者录音室。第三年，你就要和音乐人打交道。第二年……如此，你应该早做计划呀！"

他在第二年的时候就辞职了，从休斯顿搬到了洛杉矶。1983年，也就是6年之后，他的唱片开始畅销于整个世界，几乎每一天，他都和一些音乐高手一起忙碌着。这个人最终完成了自己的梦想。

故事中的主人公清楚自己内心的梦想，期望5年之后在音乐圈有所作为。于是，在接下来的日子里，他便为这一理想艰辛地付出，辛勤地努力，最终构筑了属于自己的漂亮天地。假如，他不知道自己真正想要的是什么，他永远也不会取得现在的成就。

只有明白自己真正想要的才能获得成功。当我们在生活或者工作中感到困惑的时候，问问自己的内心，如果自己糊里糊涂的，不知道要到哪里去，老天也不会帮助我们走向阳光大道的。

因此，我们应该听从自己的内心，勇往直前，做自己真正想要做的事情。并且，我们有理由相信，在追求成功的路上，以自己的心灵为导航，我们就会踏踏实实、坦坦荡荡地走完一生。

心如竹，风过不留声

对于人生，应该怀着随遇而安的心态，尽心尽力去做事，时刻保持自己自然的本性。

现在社会变幻莫测，人生际遇跌宕起伏，利益得失交错前行。我们之所以会感觉到生活的悲喜，爱恨繁杂，甚至沉陷于各种情绪的泥淖不能自拔，是因为我们的得失心太重，不能一切随缘，顺其自然。

古人对随遇而安的解释是："风来疏竹，风过而竹不留声；雁过寒潭，雁去而潭不留影。故君子事来而心始现，事去而心随空。"这句话的意思是，我们应该怀着随遇而安的心态，尽心尽力去做事，不计得失，时刻保持自己自然的本性。

有一次，福州罗山道闲禅师去拜会石霜禅师，寒暄过后，道闲问道："我自认为我内心的灵知灵觉已经出现了，但是为什么还有那么多杂念束缚我呢？当我的心不能平静的时候，我该怎么修禅呢？"

石霜禅师回答说："最好的办法就是正视直到抛掉这些念头。"

道闲并不太理解石霜禅师的话，于是，他又去请教全豁禅师，请教同一个问题。

全豁禅师笑了笑，回答道："随缘吧，时间到了自然就会停止的，你不要管那么多！"

确实如此，我们不能左右自己的人生际遇，一味怨天尤人只能是徒增烦恼罢了，此时要懂得审时度势，因势利导，无论好坏多寡，光荣羞辱，都不要放在心上。从已有的条件中尽自己的力量和智慧去发掘新的道路，如此，自己的生活才会更加快乐，更加安宁。

生活给予我们什么，我们就坦然接受，不去计较那么多，这就是得失随缘，随遇而安！随遇而安，能适应各种环境，在任何环境中都能满足，这就寻求到了一种生命的平衡。若是能达到这种境界，生活就会更加有意义，更加自在。

苏东坡是北宋著名的文学家，一次他在西湖上和朋友喝酒，碰巧下雨了，他由景生情，写了一首诗："水光潋滟晴方好，山色空蒙雨亦奇。欲把西湖比西子，淡妆浓抹总相宜。"正因为苏东坡对人间拂逆事镇定自若，坦然自在，所以才能把湖光山色写得如此动人。

苏东坡一生坎坷，仕途不顺，被政敌排挤，几次被贬谪，还差点走上断头台。因为与王安石意见不同，在他34岁时被贬出京到杭州做通判。44岁任湖州知州时因文字遭谗，被控入狱；后来获释，45岁被贬谪黄州；54岁那年，因与朝中权贵意见相左，由原来调越州改调知杭州；59岁那年，发配岭南边地。但是，他一生乐观，随遇而安，他的诗文中很少有那些悲观的情绪，相反，他一直在追求人生的乐趣与意义。

苏东坡因"乌台诗案"遭到贬谪，全家人都因担心他而伤心，可他却留下"乱石穿空，惊涛拍岸……一樽还酹江月"等诗词，这些诗词境界宏伟，气魄雄浑，一腔赤心报国、壮志难酬的感慨显而易见。被贬黄州时，苏东坡没有收入，身陷"安步以当车，晚食以当肉"的窘境，他却能放下身段，带着一家老小数十口开荒播种，饲养家禽，自己动手，丰衣足食。晚年被贬到海南，苏东坡一再高歌"他年谁作舆地志，海南万里真吾乡""九死南荒吾不恨，兹游奇绝冠平生"……表现了苏东坡对流放海南没有任何怨言。这样达观的态度是历代被流放海南的众多政客们无法相比的。尽管流放海南，他还是和以前一样喜爱郊游访友、谈禅论佛。

苏东坡一生仕途坎坷，几次被流放于蛮荒之地，但是他依然自得其乐，微笑接受，大处着眼，随遇而安，心态始终是乐观开朗的。他留给我们的不仅是一篇篇气势磅礴、格调雄浑的千古名文，更重要的是他那豁达的情怀，达观的思想和喜悦的心灵。

每个人的一生都是会有坎坷的，人生的际遇千差万别。种种差别都是正常的，同样的境遇，有的人怨天尤人，有的人坦然接受。

确实，随遇而安是一种智慧的生活态度，人们因此可以让心灵保持平静，使人能够理性地去看待生活和工作中的得与失，起与落。要想拥有宁静的心灵，就要做到随遇而安，如此就能在各种逆境中"失之东隅，得之桑榆"。当我们身处逆境时，我们不妨韬光养晦，随遇而安，时机一到，我们就能大展宏图，成就自己。

大卫和史密斯在大学时是同班同学，毕业后两人一起找工作。那时候形势不好，工作不容易找，他们不得不降低要求，到一家工厂去应聘。这家工厂正在招聘清洁工，问他们愿不愿意干。大卫想了一会儿决定留下，史密斯对这份工作是十分不屑一顾的，可是，一时半会儿找不到别的工作，而且可以和大卫一起，所以他才决定留下来。

史密斯想到自己是大学生，现在竟然做清洁工，心里很不情愿。所以他上班懒懒散散，工作很消极，每天打扫卫生时敷衍了事，不久就辞职不干了。大卫却正相反，他抛弃了大学生身份给自己带来的压力，每天工作踏踏实实，十分认真负责。

老板看大卫工作勤恳，任劳任怨，半年后就安排他给一位高级技工当学徒。这样大卫就用到了他大学的知识基础，加上他的勤奋好学，一年后就成为一名优秀的技工。在新的岗位上，大卫依旧勤恳努力，两年后，大卫就成了老板的助理，史密斯此时却依然没有工作。

大卫的成功取决于他懂得随遇而安，无论是做清洁工，还是做技工，还是做老板的助理，他都顺应境遇，不去强求，客观准确地衡量自己的能力，努力做好自己应该做的。当他抛弃不切实际的想法，尽全力去完成应该做的事情后，他就会遇到新的机会和岗位。

靠人力是很难得到一切的，比如容貌、机遇、感情，可遇而不可求。一个真正智慧的人不会执着于其间的得失，而是随遇而安，乐观面对，基于自己的根基，把逆境当作发展的动力，这是一种淡泊宁静的人生修养，想要一飞冲天，攀登上人生的顶峰，必须有这种修养！

　　在这个世界上，得与失，对与错，都不是绝对的。人生际遇往往不是个人力量可以左右的，不要太计较得失，淡然处之，随遇而安，让自己拥有更加宽广的心胸，更加寂静安然的心灵，这也是对生活最好的态度和选择。

聆听内心深处的声音

> 世界上最美的声音就是自己心底的声音，也只有在那里，我们才能了解最真实的自己，从而在生活和工作中更好地完善自己。

当我们站在喧闹的街道，望着拥挤的人群，我们是否问过自己：我有没有在那么一个时刻，悄悄地戴上耳机，静下心来听听自己的内心，到底想要什么？

有一个很漂亮的女孩儿大学时同时被本校的两个男孩所追求。其实，两个男孩对女孩儿都非常体贴、关心，两者的根本区别在于，一个男孩儿家境殷实，另外一个家庭比较贫困。

女孩儿犹豫不决，不知道如何选择，同学们纷纷建议她选择较为富有的男孩儿，理由是：现实是残酷的，处处都需要钱，有钱才能生活幸福。因此，女孩儿就考虑了同学们的建议当了这个男孩儿的女朋友。

家境困难的男孩儿因此非常痛苦，经常借酒消愁，喝完酒之后，就跑到女生宿舍楼下大喊女孩儿的名字，每听到男孩儿的叫声，女孩儿心里就不是滋味。在女孩儿内心深处还是更加在意这个男孩儿的。

有一天，女孩儿下楼去见男孩儿，但是，对方已经不见踪影。所以，女孩儿设法走进了男生宿舍，男孩儿已经睡了，正当她要离开时，他的舍友们对女孩儿说："他真是被你害惨了。为了给你买零食，他每天都辛苦地卖报纸书刊挣钱。"

女孩儿沉默着离开了男生宿舍，边走边想，实在不知道该怎么办，最后拨响了妈妈的电话。妈妈得知事情的原委后，对女儿说："听听你自己内心的声音吧，那才是你真正想要的。"

最后，女孩儿鼓起勇气和现男友分了手，接受了家境并不好的男孩儿。

简单的故事蕴含着深深的哲理：女孩儿听从了自己的内心，选择了自己真正想要的。

现代的生活日新月异，各种新事物层出不穷，有些女孩儿为了在面试时取悦于考官，让别人感觉自己是完美的，不惜重金偷偷去美容院修整自己的脸庞。很多年轻的父母为了让自己的孩子将来有出息，把孩子的周末安排得满满的。孩子们也只好像蜗牛一样，整天背着重重的"壳"奔波于补课的队伍，这些父母严加管教自己的孩子，想要让自己的孩子什么都会，但是，他们有没有听从孩子内心的声音呢？

在职场中，很多年轻人不知道自己的定位在哪里，求职就很盲目。其实，根本弄不清自己真正想要的，不善于聆听内心深处的那个声音，不知道自己的将来怎么走，又怎么能获得成功呢？

李林在大学时学的是计算机专业，毕业后，他去了北京一家计算机公司工作。但是他觉得自己的工作简单枯燥，过了4个月，他就辞职了，辞职后他又去了一家开发软件的公司。按道理讲，这下李林应静下心来，好好大展一下宏图了，没想到，因为这份工作和他的专业知识并不对口，因此，他不能胜任，不久以后，老板就辞退了他。

经过很长时间，李林终于找到适合自己的公司。但是，他的心并未真正地静下来，在和同事们一起工作的过程中，他总是对这样或者那样的事情感到不满。最后，他还是选择离开了，这次辞职是因为他觉得工作单调，身心疲惫，公司的气氛也不活跃。

无论成功还是失败，人生路上，要多听听心灵的声音，工作和生活都将是一片湛蓝天空，不仅能够认清真实的自我，也能获得一颗更加清凉通透的心灵。

在现代社会里，大多数人都在忙碌奔波，好似忽略了心灵声音的存在，其实，它每天都在关注着我们，每天都在呼唤着我们。要记住，我们只能在那里找到真实的自我。

现在，让我们欣喜地闭上双眼，去倾听心底的那一丝触动，细细品味，你会感觉到在这颗原始而纯真的心中住着真实的自我。生活中，每天我们都要面对很多的人，我们真的无需出彩地表演，刻意地伪装，重要的是，我们要面对真实的我，聆听内心的声音，活出真实的自己。

　　生活和工作都是如此，每个人的一生都不可能繁花似锦，有许多烦恼，许多不如意。关键是我们有没有静下心来，聆听内心在说什么，要知道，只有听懂了自己，才能像雄鹰一样飞得更高更远。如果不这样，就只能在现实中跌跌撞撞，失去了真实的自己。

从容地对待人生

> 当我们在舞台下的时候，就应该做好随时上台的准备；而当我们在舞台上的时候，要做好很快下台的准备。

生活中有的人非常注重名利，这样的人被智者所轻蔑，为势利者所叹服，为阿谀者所崇拜，自己呢，一生被虚名所奴役着。

人的一生会有得意也会有失意，对待不同境遇的心态取决于你为人处世的态度。

舞台就如人生，没有人永远在台上，也没有人永远在台下，无论在哪里，区别只是时间的不同。当你站在台上时，你就要好好把握，扮好自己的角色，这样，不管是主角还是配角，都值得称赞。

当你拥有名利的时候就是在台上的时候，此时，所有的人都会羡慕你，如果你在台上，应努力扮演好自己的角色，尽自己的责任；当你不如意的时候就是在台下的时候，就算这样，你也不要怨天尤人，此时，也不必感叹，安心地做个好观众，鼓励赞美那些正站在台上的人。

站在台上的时候，大家都注视你，关注你，但是所承受的压力也很大，且容易成为被攻击的目标；在台下的时候，虽然没有光芒，但若能沉潜自得，倒可明哲保身，不必担心成为别人的箭靶。是留在台上还是台下，考验着每个人的智慧，依靠自己去选择，但是，并不是任何时候都能自己做主，周围的环境也会影响到我们，有时候真是身不由己。

舞台虽然很风光，但是，花朵再鲜艳也有凋谢的时候，没有永远的风光，所以要做好下台的准备。要懂得何时上台，何时下台的智慧。

每个人的一生都是起起伏伏、坎坎坷坷的，没有谁会一路平坦、风平浪静。

所以，当一个人集荣华富贵于一身时，他是否想到会有高处不胜寒的危机、有长江后浪逐前浪的窘迫呢？既然如此，那就不要过分贪恋巅峰时的荣耀和风光，趁着巅峰将过未过之时，从容地撤离高地，也许山下的风光同样绚烂多姿呢！

有一个拳击手，在他连续获得203场胜利之后却突然宣布退役，那时候，他只有28岁，大家都弄不明白他为什么要退役，以为他出了什么问题。事实并不是这样，这个拳手无疑是明智的，因为他感觉自己已经达到了最好的状态，求胜的心态也不够强烈，所以才主动宣布撤退，当了教练。他的选择有些遗憾，也有些无奈。但是，从长远来说，却是一种如释重负、坦然平和的选择，跟那些硬充好汉的人比，他就是英雄，在巅峰时刻宣布下台，人们会永远记得他的辉煌。

所以，做一个明智的人，既要"拿得起"那颇有分量的光环，也同样应当"放得下"它，自己才能柳暗花明，进入新的天地，如此，我们也不会有遗憾了。

在我们的人生道路上，有很多时候我们难免会不得已下台。比如，一个人到了年迈体衰时，就有突然遭遇"被剥夺"辉煌的可能，这时就是考验一个人是否能拿得起放得下的时候。美国第一位总统、开国元勋华盛顿只担任了一届总统，坚决不肯连任。离任时，他坦然地出席告别宴会，和人们举杯祝福。第二天，他又坦然地参加了新任总统亚当斯的宣誓就职仪式。之后，他挥动礼帽，坦然地回到了家乡维农山庄。历史上的这一刻永远都是光芒四射。英国著名科学家赫胥黎，因其卓越的贡献而享有崇高的声望，当他80岁时，他不得不考虑放弃解剖工作，此时，他坚决辞去了所有的职务，甚至是他最高的荣誉职务——英国皇家学会会长。可以想象，赫胥黎心情是很沉重的，在他发表辞职演说后，他对朋友说："我刚刚宣读了我去世的官方讣告。"虽然如此不舍，他终究还是自愿"放下"了。职务、头衔，意味着一个人在社会上所取得的成就和地位，对每个人的意义都很重要。华盛顿和赫胥黎都"拿"到了很高的辉煌，但他们又都主动"放"下去了。有位名人说过："重要的并非是你拥有了什么，而在于你忍受了什么。"坦然地放下那些辉煌与荣誉，人生自会活出一份潇洒与光彩。

也许，在我们的生活里会遇到这样的情况：人生中无论成绩或是职务，并没有达到最佳状态和最高峰，但因为一些外在原因不得不"放下"。这时候，最重要的也许是尽快学会如何"爬起来"。"跌下去不疼，爬起来才疼"，每个人要学会痛定思痛。反思是很重要，但是，切记不可一味斤斤计较"痛"，这样反而作茧自缚，不知道该怎么办。

　　美国南北战争时，南军的主将罗伯特在投降仪式上签字以后心情十分沉重。他独自一人回到弗吉尼亚，避开了所有的公共集会及所有爱戴他的人们。之后，他又默默地接受了政府的邀请，出任华盛顿学院院长一职。不沉溺于沮丧与懊悔，在沉默中开始新的人生。可以说，罗伯特很明智，他明白："将军的使命不单单在于把年轻人送上战场拼杀，更重要的是教会他们如何去实现人生价值。"所以，罗伯特是真正懂得放下的人，他也因此实现了自己的价值。就像爱因斯坦说："一个人真正的价值，首先在于他在多大程度上和什么意义上从自我中解放出来。"罗伯特跌倒后能再爬起来，拿得起，放得下。这种勇气和坦诚是值得我们学习的。

生命，如一场花开盛宴

花开的过程就如同我们的生命，此时，你需要静静地聆听。

有一位商人，他的事业非常成功，身价不菲。他拥有4部名牌汽车，一个多达300名员工的公司，他有一座别墅，非常豪华，有一个幸福的家庭——妻子美丽贤惠，儿子乖巧懂事。这个商人拥有了所有人希望拥有的一切，可是，他并不觉得轻松，工作让他经常处于紧张的状态，并且，他把那种紧张的情绪带回了家。

下班后，他在沙发上看电视休息，但是他的心情十分烦躁不安，于是他把电视关掉了，在房间里不停地走来走去。他的妻子准备好了丰盛的晚餐，可是，他也只是胡乱吃了一些。晚餐后，妻子放了一曲美妙的曲子，他拿起报纸，只看了大标题就没心情看下去了。拿起一根雪茄，他一口咬掉雪茄的头部，点燃后吸了两口，就丢到烟灰缸里。最后，他抓起他的帽子和外衣，回公司工作了。

这样的情形经常发生，商人的妻子和儿子很不开心，而他自己的内心更是备受折磨，整晚整晚地睡不好觉，整个人情绪也不好，总是一副心事重重的样子。

现代社会日新月异，很多人为了获得更高的工作岗位，挣到更多的钱，就像这个商人一样匆匆忙忙，奔波不停，忽略了生活中的快乐点滴。最后，弄得自己疲惫不堪，生活也没有丝毫的乐趣。

工作是为了生活，生活却不仅仅是为了工作。若是认为努力挣钱就可以得到舒适的生活，把自己搞得整天就跟上了发条似的，只知道一味地向前向前，不能像正常人那样生活，这样的工作就没有价值了，而生活也失去了它的本意。

想要改变这种状态，需要我们保持内心的平静，累了就让烦乱的心灵小憩一下，忘掉生活和工作中的压力，静心来听一听来自生命的声音，想想自己到底需要什么！金钱、荣誉，还是幸福？细细品味生活的细节，给自己以希望，让自己从生活的泥沼中走出来。

有一个游牧部落，不断迁徙，没有固定的住所，但是，长久以来，他们有一个不变的神秘习俗：赶路时，尽量往前走，但是，走两天就一定要休息一天！世世代代如此，从不例外。一位考古学家不解地问部落首领："你们这样做是为什么呢？"部落首领解释说："因为我们需要停下自己的脚步等等我们的灵魂！"

约瑟夫·坎贝尔是美国著名作家，他说："我们真正要探寻的不是生命的意义，而是活着的体验。"想要自己的心灵摆脱世俗的浅盘，需要我们逃避城市的喧嚣，放下名利的诱惑，还自己一个淡泊名利的心灵。现在，让我们放慢自己的脚步，放松自己的心灵，从容淡定地欣赏路边的美景，等待灵魂赶上来。

所以，当你感到很辛苦的时候，试着从繁忙的生活中抽出身来，静心聆听生命的花开，静静感受生命的存在，让灵魂追赶上来，身心合一，徐徐前行！如此，慢慢地，你就能感受到平静的内心，从而能够从容淡定地穿梭在世界中，切身体会到生活中的酸甜苦辣，人生的乐趣也会更多。

布莱克斯认为在亚里桑那沙漠过夏天会被热死，因为那里炙热的高温都快把土豆烤熟了。有一次，他在给车加油的空隙和主人戴维森先生聊起这里可怕的夏天，说道："真该死，这么热的天，生活就像在炼狱中一样！"

"有必要为过夏天而担心吗？像迎接一个惊人的喜讯那样对待酷暑的来临吧，"戴维森先生说道，"夏天会给我们带来很多礼物，千万不要错失了……"

布莱克斯迷惑不解："该死的夏天会给我们带来美好的礼物吗？"

"你没有在清晨五六点的时候起过床吗？想象一下，六月的黎明，整个天空都是玫瑰红的云彩，那是多么美妙的景观啊；七月的夜晚，一抬头就可以看到满天繁星，多么有意境啊；如果不是中午酷热难忍，你怎么能体会到游泳的乐趣呢！"

听了戴维森先生的话，布莱克斯反倒期盼夏天的来临了。夏天来了：清晨，布莱克斯在晨露的凉爽中修剪玫瑰花；中午，他和孩子们舒舒服服地在家里睡觉；

晚上，他们在院子里做冷饮，吃冰激凌，这样的开心真是前所未有的。整个夏天，他们一家还欣赏了沙漠壮观的日出和日落景象。

很多年过去了，此时布莱克斯已是满头银发，但是，他的笑容依旧灿烂，别人见了也会感觉很愉快。他在拜访戴维森先生的时候，由衷地感慨道："这里的夏天我很喜欢，而且我一点不担心变老，这里的美景让人流连忘返，生活真的很有意思！"

生命是一个漫长的过程，当你静观人生的时候，你会发现美无处不在。美是生活中的客观事物与你主观意识碰撞后迸发出的火花，是一种不带功利色彩的愉快感觉。你的心灵也会因为美而得到净化，精神也会因此更加满足的。

　　　让我们停下不断奔跑的脚步，感受生命的美好过程。无论怎么忙碌，都要懂得适时停下，抛开一切给你造成压力的人或事，静心聆听生命的花开，等待自己的灵魂赶上来，身心合一地协调前进。只有这样，我们才能更加安心，生活也会充满阳光。

享受现实，远离虚荣

每个人都明白虚妄的名利会给我们带来麻烦，所以，我们要远离不必要的名利，避免沦落为它们的奴隶。

有一天，两位穿戴华丽的夫人相遇在商场珠宝行。其中一位夫人说："你瞧，这颗蓝晶晶的钻戒真漂亮，我想买下来。你呢，有没有看中的？""这些珠宝都很漂亮，可是，我不打算买，因为我看它们好像有些灰尘，一定是摆的时间太久了。"另一位夫人回答："没关系，我可以用家里的法国红酒清洗一下。""你用红酒清洗珠宝，这不是太麻烦了。我会把沾了灰的珠宝直接丢掉！"

女人爱慕虚荣的心理通过她们的对话表现得淋漓尽致：一个买钻戒显示自己富有，用红酒清洗钻戒炫耀自己奢侈的生活；另一个钻戒沾了灰尘就丢掉表现自己挥金如土的豪气。两个人的"虚荣情结"都很深。

心理医生告诉我们：我们要及时关注自己的心理，避免自己的虚荣行为。如果一个人出现自夸、说谎、嫉妒等病态行为，可以采用自我心理训练的方法。给自己施加一定的自我惩罚，起到警示和提醒的作用。时间长了，虚荣的行为就会慢慢消除的。

如果一个人有了虚荣心，他就会后患无穷。怎么克服这种心理的产生呢？

首先，我们要认识自我，看到自己的优点和缺点，分清自尊和虚荣的界限。要懂得诚实、正直是做人最起码的要求，我们绝不能为了一时的心理满足而扭曲了心灵。只要自己自重自尊，外界是不能影响到我们的。因此，要培养自己崇高的人生品格，这样，虚荣心就没有机会作乱了。

虚名虽然华丽，但我们不能贪图，我们应该追求内心真实的美。追求真实，我们不会虚荣，不会炫耀和华而不实。很多人能在平凡的岗位上做出不平凡的成绩，就是因为有自己的理想。全面看待自己，无论是自己的长处还是短处，奔着自己的理想努力前行，心无杂念，自然能一路畅通。

还有，我们要拥有正确的荣辱观，正确地认识荣誉、地位、得失、面子。一个人活在世界上要有一定的荣誉与地位，这是心理的需要。爱惜自己的荣誉和地位，但是不要过分执着追求。"面子"不可没有，也不能强求；如果"打肿脸充胖子"，过分追求荣誉来显示自己，只能让自己过得很辛苦。

我们还要清醒地认识到虚荣所带来的危害。虚荣心很强的人，往往都意识不到自己的虚荣，也不肯承认自己的虚荣行为，这样就更加不容易克服虚荣心。要清楚虚荣是一种虚假的荣誉，它只能让你满足一时，填补你内心的空虚，但不能根本解决问题。但你却会为它背上沉重的包袱，并时刻担心会失去它，一旦失去它，你就会觉得非常痛苦。

应该脚踏实地、实事求是地做人。过于虚荣的人往往都情绪不稳，能满足虚荣心时就有很高的热情，一旦虚荣心得不到满足，情绪就会一落千丈。所以，从实际出发，踏踏实实工作，培养锻炼自己的真才实学和良好的心理素质，这样才能克服虚荣带来的危害。

与人攀比是让人产生虚荣心的主要原因。如果一味地去跟他人比较，心理永远都无法平衡，虚荣心就会更加强烈。所以，要正确对待别人的评价，正确看待他人的优越条件，以此作为自己前进的榜样。我们应该通过努力得到自己想要的。自信自强，严格要求，做一个品格高尚的人，这样，虚荣心就会远离自己。

远离浮躁，除去心头的尘埃

如果一个人总是好高骛远，他就给自己的人生路设下了一道障碍，如此，遭遇失败就在所难免了。

小鸭子长着一双翅膀，可是总也飞不起来，别的鸟类总是嘲笑它，小鸭子因此非常烦恼，更让它难过的是，自己走路也歪歪扭扭的。于是，这只小鸭子就暗暗下定了一个决心：好好学习走路。可是，它的愿望并没有实现：不仅没有学会其他鸟类的走路方式，自己反而更加晃荡不稳了。

这天，天空晴朗无云，忽然传来大雁的叫声，小鸭子正在练习走路，此时它停了下来，仰头朝天望去，它惊叹大雁们那美丽的身姿，说道："如此广阔的蓝天，如此壮观的景象，如此美丽的大雁！如果有一天，我也像它们一样展翅翱翔于蓝天，那该多好呀！"

小鸭子就这样走着、想着，"扑通"一声被重重地绊倒在了地上，原来，挡住自己去路的是脚下的石子。

这个故事告诉我们：若是我们只是一个劲儿地盲目模仿，结果往往会让人哭笑不得。更重要的是：如果一个人总是好高骛远，他就给自己的人生路设下了一道障碍，如此，遭遇失败就在所难免了。所以，我们要远离浮躁，让自己心素如简，走好自己脚下的路，成功才能在远处等着我们。

在现在社会，有很多小鸭子式的大学毕业生，一离开学校，他们就欢天喜地地踏上工作岗位，丝毫不考虑自己的能力是否适合这个工作，过了一段时间以后，自己那颗早就按捺不住的心就被浮躁充斥得满满的，对公司的抱怨，对同事的嫉妒不满，等等。

甚至，有一天，突然听说哪位朋友在哪个行业里淘到了金子，想也不想就跟去，最后却把自己搞得哭笑不得。这些人像一群无头苍蝇一样到处乱飞，根本不知道自己的位置在哪里。

其实，在这些人的内心深处藏着一个无情的"杀手"，它就是浮躁。因为浮躁，他们失去了航行的方向。在他们的眼里，目标好像在远处的某一个地方等着自己，因此，自己才会在当下的工作中总是"不修边幅"。结果，他们频繁地"跳来跳去"，工作不停地换来换去。

阻碍我们成功的最大敌人就是浮躁。曾经有人这样说过："浮躁这种情绪具有虚妄性、情绪性、盲动性相交织的特点，属于一种病态心理，人们因此会找不到生活的方向，梦想也不能实现。"

大学毕业后，小张由于各种原因没有找到合适的工作，内心很焦急。特别是当他看到他的同学都找到了自己满意的工作时，心中更加着急了。

不得已，小张只好先找了一份在出版社搬运的简单工作。但是，他的内心并不平静，他总觉得干这个工作太大材小用了：一个堂堂的本科生，怎么能做搬运工呢！工作时，他总是抱怨不休，没多久，他就被出版社辞退了。

小张丢了工作，心急如焚，焦急不已，脾气也很大，动不动就和人吵架。有一次，他竟然和别人大打出手，后来只能赔偿人家3000元钱了结。

过了一年，小张的状态依旧没有好转。后来，朋友给他介绍了一家公司，但是，他觉得这家单位太小，这么小的单位配不上自己，一心想要进大公司。

在一次同学聚会上，小张看见好几个同学已经买了车，他的心里更加不平衡了，心想：当年，他们比我强不了多少呀，怎么现在都混得比我强！他越想越气，回家后，盘算要做出一番成就证明自己。

有一天晚上，小张悄悄地潜入了某重工业工厂，盗取了一捆电缆，卖了4000元钱。有了第一次就有了第二次、第三次……他越来越没有顾忌，终于，在15天以后，他被警察抓住了。

因为盗窃，小张被判了3年有期徒刑。到了牢狱，小张后悔莫及，因为浮躁，他失去了自由、失去了家人和朋友对自己的信任！

一个人若是总是浮躁，不能保持真诚的心灵，思想上就容易失去冷静，心理上就容易失去平衡。可以说，此时人的大脑是不会认真思考的，往往是人云亦云。而且，做事情之前，不能正确看待自己。这样的人，心理不健康，事业和人生也不能获得成功。

不仅如此，如果一个人浮躁，他就很容易生气，不能和别人友好相处。自己遇到了好事情，便会兴奋不已；遇到了坏事情，便会顿时跌入痛苦的深渊中，更严重的是，很可能因此扭曲自己的心灵。

年轻的我们在人生路上，应该远离可恶的浮躁，既不学习丑小鸭，也不学习小张。保持自己原本的真心，坚持不懈，全心全力工作。只有这样，我们才能完善自己，取得人生的成功。

每天洗脸是为了保持脸部清洁，每天打扫卫生是为了我们的身体健康。其实，我们的心房也需要定期"打扫"一遍。

时光流逝，岁月如梭，我们的心灵难免会堆积灰尘，时间久了，我们心里就会感觉压抑，沉闷。所以，我们应该第一时间扫除内心的"尘埃"。应该说，心灵是我们的另一方家园，需要我们精心守护，心灵清净了，我们才会更加地淡然自在。

电脑里的回收站，需要我们每天清空里面的垃圾文件，这样电脑每天都能轻轻松松地运行。同样，要想保持心灵的健康轻松，我们要及时清除心灵的"尘埃"。打扫心灵尘埃，就是让自己获得更多的自由空间，就是清空现实生活中的"枯枝败叶"，就是为了让自己能够快乐远行。所以，我们一定不要忘了经常打扫。

生活中很多人都喜欢抱怨别人，整天郁郁寡欢，那是因为自己心灵生了病，所以才会自己折磨自己。在这个世界上，没有任何一条路是真正平坦的，我们不能对"事事都顺心"过于渴求。所以，及时清除内心的"尘埃"，用乐观的心态迎接生活带给我们的磨难，用自己的实际行动和热情创造美好的未来！

　　生活中，有人整天朝气蓬勃，有的人黯淡无光。也许有人会认为两者的脸部清洁度存在差异，其实不然，是心灵尘埃在从中作怪。因为内心的尘埃太多，所以，心情压抑，情绪也不好，而有的人心境开朗，心中没有尘埃，自然给人一种眼前一亮的感觉。

淡看名利，享受生活的乐趣

> 每个人都有虚荣心，我们不能让虚荣心消失，只能改善它，引导它走向对人有用的方向。因为破坏虚荣，也等于破坏了整个人类！就算地球上只剩下最后一个人时，他也会沾沾自喜的，因为只有他一个人还活着。

生活中到处都充满了名利，为了名利，人们会努力奋斗，名利也能让人过上体面的生活，但同时我们也要知道，让人失去美好生活甚至是自由的也是名利，所以，对待名利，我们一定要把握好一个度。

曾经，有一个渔翁在梦中和上帝见面了。

上帝问道："你有什么要问的吗？"

渔翁点点头问道："你现在有时间吗？"

上帝笑道："我的时间是无限的，你想问什么？"

渔翁问道："你觉得，人类最大的烦恼什么呢？"

上帝回答说："名利，人们年轻的时候牺牲健康换来金钱，到老了又拿金钱换取自己的健康。他们对未来充满忧虑，忘了自己拥有的就只有现在，所以，他们既不生活于现在之中，也不生活于未来之中。活着的时候，他们好像不会死一样，可是，死去了又好像没有活过一样……"

渔翁又问道："那么上帝，对人类，你有什么要劝诫的吗？"

上帝笑着回答道："想要生活轻松快乐就要看淡名利，毕竟，金钱是身外之物。"

我们每个人都要懂得：健康的心态是我们一生最重要的东西。与他人攀比是不好的。富有的人并不是拥有得多，而是计较得少。造物主赐予我们美好的品德的同时，也把名利、是非、金钱得失撒向人间。有的人穷其一生追求这些外在的东西，一生都在奔波劳碌，疲惫不已。这些人一生都不曾得到幸福。

虽然我们都知道名利只是身外之物，但很少人能抵抗得住名利的诱惑，整个人生都在追逐名利，甚至为名利而生存。一个人如果不能淡泊名利，就无法拥有纯真的心灵，最后只能身心疲惫，筋疲力尽。

爱因斯坦、居里夫人，他们都是举世闻名的科学家，对于大多数人所追求的名声、富贵、奢华，他们看得很轻，也因此留下了无数的佳话。爱因斯坦说，除了科学之外，没有什么食物让他特别喜欢或者特别讨厌。据说在一次旅行中，船长为了表现对爱因斯坦的优待，特意让出全船最精美的房间等候他，爱因斯坦却拒绝了。他认为自己和他人是一样的，没有权利受到特别优待。如此坦然、率真的品行，难道不令我们佩服吗？

居里夫妇发现镭之后，来自世界各地的信都希望了解提炼镭的方法。居里先生淡然地说："现在，我们有两种选择，一是毫无保留地说明我们的研究成果，包括提炼方法在内。二是以镭的所有者和发明者自居，但是我们必须先取得提炼铀沥青矿技术的专利执照，并且确定我们在世界各地造镭业上应有的权利。"一旁的居里夫人赞同第一个选择。我们都知道，若是他们作了第二个选择，他们会获得巨额的奖金，不仅他们能够过上荣华富贵的生活，他们的子女也会受益无穷。可是，他们拒绝了这个选择。如此淡泊名利的人生态度，让人们深切感受到他们不平凡的气度。居里夫人一生获得各种奖章 16 枚，荣誉头衔 117 个，但她自己却并不在意。有一天，她的一位朋友到她家做客，忽然看见她的小女儿正在玩弄英国皇家学会刚刚奖给她的一枚金质奖章，不解地问："居里夫人，那枚奖章是您极高的荣誉，您怎么能给孩子拿去玩呢？"居里夫人笑了笑说："我想让孩子明白：荣誉就像玩具一样，千万不要守着它，不然，将来会一事无成的。"

两位科学家淡泊名利的处世态度值得我们学习，特别是那些一生都在执着追求名利的人。一个人如果拥有一颗纯真的心灵，尽心尽力地做自己应该做的事，成功自然会属于他，荣耀与地位也会跟着来。淡泊名利，顺其自然，这才是走向成功的第一步。

除名利外，财富也是人们追逐的对象。其实，拥有财富不等于拥有了幸福，财富和幸福两者不是等同的，如果一个渴望幸福的人却把追逐的对象确定为财富，那么即使他追到了自己生命的尽头，他也不能体会幸福的感觉。

财富和幸福并不是一个意思。但是，在现在，有相当一部分人给二者画上了等号。那么，金钱究竟在幸福参数中占有什么样的位置？是不是有金钱就会有幸福呢？人们一直在为这个问题争论不休。

相关统计数据显示：在衣食无忧的人群里，财富并不能给人带来多大的幸福感觉。正如一个研究者所形容的，开奔驰上班的人，并不一定比坐公交车上班的人幸福很多。可见，财富和幸福感是不成比例的。每个人都向往财富，但是，拥有财富并不代表拥有幸福。

每个人都会想：我为什么要挣钱？看起来，这是个简单的问题，所有人肯定会毫不犹豫地脱口而出："为了改善自己的生存条件；为了生活得更好、更幸福。"但是，有钱的人真的就幸福吗？

有一个调查是由美国宾夕法尼亚大学的格伦·法尔博和哈佛大学的劳拉·塔赫做的：他们选取了两万名20岁到64岁之间的美国公民，从年龄、家庭收入、健康状况、文化水平、种族和婚姻状况等众多因素入手进行研究。最后，他们发现，人们幸福与否最关键的是是否健康，金钱和家庭状况都是次要的。

心理专家研究发现：在影响人们幸福的因素中，金钱只占1/5的比例；美好生活构成比例中，金钱只起到1/6的作用。伊利诺伊大学心理学家的一项研究显示：中大奖的人在一年之后会更加不开心。还有许多对中奖者的调查发现：突然得到大量的金钱并不会使人幸福。当过了中大奖带来的新鲜期，他们反而会更加不安，而且他们的生活也会遭到一定程度的破坏：与朋友产生矛盾，和家人争吵，不适应奢侈的生活，等等。因此，并不是说只有有钱人才能幸福快乐地生活，因为快乐感和满足感取决于相对的富有，来自于对比中的优越。换句话说，只要你比周围的人富有，你就会觉得自己是幸福的。

巴尔扎克说过："黄金的枷锁是最重的。"现实也是如此，我们每个人都忙着淘金，逐渐忘记了那曾在"岸边"的初衷，在不断创造物质财富的同时，逐渐迷失了自我，变得机械和麻木，失去了最初的单纯和真诚，添了几分城府和狡诈。在财富与压力指数成正比的今天，人们一心追求自己的目标，忘了身边最普通的快乐，金钱太多，烦恼反而会跟着来。

要想得就要先舍，你要获取财富就必须放弃一些东西。一些过分追求物质财富的人，往往富了口袋，穷了脑袋，整天灯红酒绿，纸醉金迷，表面上很快乐，内心是很空虚的。所以，对于财富，我们的态度决定了生活的质量。当你获得了一定的财富，你要学会怎么掌握它而不是沦为财富的奴隶，这样才能幸福地生活。

德国哲学家齐美尔说："金钱只是一种介质、桥梁，而人不能栖居在桥上。"不要把财富看得那么重，让金钱成为点缀生活幸福的工具，想要幸福地过每一天就要把金钱看轻。

也有人不禁要问：为什么很多人都对名利和财富趋之若鹜呢？其实很简单，就因为虚荣。

虚荣的人的生活目标就是追逐名利。

虚荣的含义就是：表面上的光彩。追求、爱慕表面上光彩的思想、心态、观念和意识就是虚荣心。追求外在的风光能让你一时满足，但却会把你弄得疲惫不堪。

贪慕虚荣的人，一心想要工作比别人好、工资比别人高、人脉比别人广、升职比别人快、衣服比别人贵、房子比别人大、吃的比别人讲究、用的比别人高档……想要什么都比别人好，就要比他人付出更多的汗水。如果一个人将所有的精力和时间浪费在没完没了的比较当中，他就会经常处在焦虑和不安中，心情也会更加不好，生活也就没有了快乐。

虚荣的人可以得到一时的荣耀，但却需要付出昂贵的代价为这一时的灿烂埋单。法国著名作家莫泊桑，在他的小说《项链》中讲了这样一个故事。

玛蒂尔德虽然出身贫寒，但是十分漂亮。因为长得漂亮，所以她认为，只有王子、香水和昂贵的珠宝才能与她相匹配。可是，生活并不如她意，她和一个小职员结了婚。尽管如此，玛蒂尔德并没有踏实地生活，她对贵夫人的生活心驰神往，总是渴望自己能够穿上一件漂亮的长裙，戴上一条美丽的钻石项链，她觉得，只要她拥有这些，完全比那些上流社会的小姐和夫人们更加光彩夺目。

她终于等到了一个展现自己的机会。有一次，她被邀请去参加公共教育部长和夫人举行的盛大晚宴。为了满足自己的虚荣心，她买了件新衣服，化了精致的妆容，还特地从朋友莱斯蒂太太那里借来了一条钻石项链。所有都准备好了，她幻想着自己在晚会时光芒四射的情形。

晚会上，她果然成为焦点，所有人都注意到她。晚会后，她仍陶醉于被人仰望的快感之中，久久不能自拔。当她对着镜子卸妆时，突然发现自己戴在脖子上的项链不在了，到处找都找不到。

不得已，她要赔偿那条项链，于是，她和她的丈夫开始省吃俭用，辛苦工作，用了整整10年的时间才挣够了赔偿这条钻石项链的钱，此时的玛蒂尔德已经失去了那晚的光彩，变得憔悴不堪。

为了满足自己的虚荣心，玛蒂尔德赔上了自己一生的青春和幸福，多么不值呀！可见，虚荣是人生的一大悲哀。生命短暂，快乐地度过一生是最重要的，为什么还要为了迎合别人而改变自己呢？为什么不能为了自己真实而快活地活一次呢？而且，人有实力才有价值，只有美丽的外表有什么用呢。

爱默生，美国文化精神领袖，他曾经这样告诫年轻人："幻想成功、追求名誉无可厚非，但更重要的是脚踏实地的精神。"他说："每个人年轻时都会空想、幻想，这也是青春的标志。但是，我的青年朋友们，要记得，我们总有一天要长大。天地广阔，世界美好，放弃那些不切实际的幻想，脚踏实地地做一些实事吧！"

保持快乐

快乐的生活状态完全来自于我们生命本身的活动，快乐是藏在我们内心深处的，发现了它，你就能得到来自内心的愉悦和开心。

米拉奇天性乐观，一天，凯特去拜访他，米拉奇开心地请他坐下，凯特问道："如果你没有一个朋友，你的心情会好吗？"

米拉奇说："若真是这样，我会开心地想：幸好我没有的只是朋友，而不是没有自我。"

"如果你走着走着，突然掉进一个泥坑，等你爬出来以后，身上满是泥，你会怎么想？"

"如实这样，我会想：幸好只是个泥坑，要是个无底洞我不就起不来了吗。"

"如果别人无缘无故打你一顿，你会有怎样的心情呢？"

"若是如此，我会觉得自己很庆幸，因为别人只是打我而并非杀我。"

"如果你的妻子背叛了你，你还会高兴吗？"

"若是这样，我会想，辛亏她只是背叛我，没有背叛国家。"

"如果现在你就要失去生命，你会怎么想？"

"真是这样的话，我会想，我终于开心地走完了人生之路，另一个盛大的宴会正等着我呢。"

"照这么说，你的生活没有什么让你觉得痛苦的事情，每天你都是那么快乐。"

米拉奇笑着说："对，如果你愿意，生活中处处都是快乐。痛苦往往是不请自来，重要的是，我们要学会发现和寻找生活中的快乐和幸福。"

米拉奇快乐的根源来自于他的内心，他能够放下"拥有朋友和生命"的欲望，能够很快原谅"妻子和他人"对自己犯下的错误，因此，他会觉得生活中到处都是幸福和快乐。心灵获得快乐是很简单的事情：在获得成功的时候，我们会快乐；在受到安慰的时候，我们会快乐；在爱充满人间的时候，我们会快乐；甚至有时在流泪的时候，我们的内心也是快乐的。

快乐来源于我们的内心，别人是不能给予的。生活中有让我们开心的事情，比如升职加薪；也会有让人感到痛苦的事情，比如遭受失恋的打击。不管是什么事情，我们都要保持快乐的心态。

现在生活压力很大，很多人内心感觉不到快乐。其实，我们大可不必为此伤怀和难过，要勇于让心灵接受快乐之光的照耀，就像米拉奇一样，用一颗快乐的心接受生活中发生的所有事情。真正意义上的快乐是精神和内心的一种行为，而这种行为恰恰让我们的内心获得宁静。相反，若是整天愁眉苦脸的，这种坏情绪就会影响身边的人。我们的心灵就像一面镜子，你的内心是什么样的，你的感觉就是什么样的。

有一个名叫"伤痕实验"的心理学实验，小组的成员来自于美国某大学，这些志愿者被告知：该实验的目的是为了观察人们对身体有缺陷的陌生人有什么反应，特别是那些面部有缺陷的人。

接着，志愿者们被小组成员单独安排在没有镜子的小房间里，每个人左边的脸上由好莱坞的专业化妆师做出一道可怕的伤痕。然后，让志愿者看看镜子里的自己是什么模样。

其中一个重要的步骤是，化妆师向志愿者们表示需要在伤痕表面再涂一层粉末，这样做是为了避免志愿者将其误擦掉。实际上，化妆师是把脸上的伤痕擦掉。但是，志愿者并不知道。

如此，志愿者到个各医院的候诊室，观察他人对自己脸上"伤痕"的反应，这就是他们实验的主要任务。

规定的时间到了，志愿者们都返回到实验室，他们说出的感受是一样的，那就是，别人对他们不够友好，总是很不礼貌地盯着他们的脸看。

其实，这些志愿者在执行任务的时候早就没有伤痕了，影响他们的是他们的内心。这样的心态对自己和他人都是很不利的，如果他们换个想法，别人的态度也会大不一样的。

若是一个人心灵上有伤痕，他的言行举止中就会表露出来，藏是藏不住的。如果种下悲伤、自卑的种子，你就会觉得自己跟身边的人格格不入；如果种下快乐、自信的种子，你就会相信别人，和身边的人建立良好的人际关系。

的确，现在能真正生活得快乐的人很少，事实上，对每个人来说，快乐是无处不在的，它就静静地站在我们每个人的心里，等着我们去发现、挖掘，所以我们千万不要轻易蒙上快乐的双眼。当我们感到压抑或者难过的时候，静静地喝杯暖暖的咖啡，或者给亲人打一个长长的电话，我们都会感觉温暖、幸福许多。如果你的内心想着自己是快乐的，你就会生活得快乐；如果你觉得自己不开心，生活也会因此蒙上阴影。认真对待生活的每一天，做好我们自己，调整自己的心态，有舍有得，这样，生活中就会充满快乐，因为，你找到了你内心中快乐的根源！

我们需要幸福并快乐生活，因为快乐是对自我的一种超越，是一种悲天悯人的宽容，是一种源自内心的自信，是一种长大了的成熟。快乐能够帮助我们获得良好的人际关系，快乐就是收获健康的一把金钥匙。让快乐住进自己的心灵吧，因为它不仅可以让我们更加有气度，更加有气魄，而且它那么温暖，那么美好，你还要犹豫吗？

拥有幸福的心态

富兰克林说："万物本身并没有幸福，幸福存在于我们看待事物的心态中。若是你深处的环境很幸福，但是你的态度不正确，你也不会有幸福的感觉。"

每个人的一生都不可能一帆风顺，生活和工作中难免会有困难坎坷，这个时候，有的人就觉得自己目前的处境有多么的糟糕，自己又是多么的不幸，顾影自怜，自怨自艾，更有甚者，把自己的坏情绪带给身边的朋友、家人。还有的人，喜欢"触景生情，"一看到别人开着昂贵的车子，住着豪华的房子，就会悲叹自己的处境是多么可怜，是多么不幸。事实上，只要有一颗幸福快乐的心，无论处在什么环境，自己都能快乐地生活。

人生就像走独木桥，有太多的、难以预料的坎坷和挫折。如果你的心态是积极健康的，你看到的所有都是美好的，什么坎坷都能克服；若是你总是抱着消极退缩的心态，你面对的所有都会黯然失色，没有希望。

有位老鞋匠，他在小镇的必经之路上给人修鞋，都有40多年了。

一天，有位年轻人经过这里，看到正在修鞋的老鞋匠，问道："老大爷，请问您是不是住在这里？"

老鞋匠抬头看了年轻人一眼，说道："对，我住在这里有40多年了。"

年轻人又问："那您一定了解这里了，我马上就要搬到这里了，这个城镇怎么样呢？"

老鞋匠反问年轻人："你原来的那个城市怎么样呢？"

年轻人答道："我觉得我们那里的人一点也不好，他们表面上道貌岸然，私下钩心斗角，尔虞我诈，他们对我都不好。另外，在那里生活会很累，每天都要小心谨慎，所以我才决定来这儿。"

老鞋匠看了看年轻人，说道："这里的人一点也不比你们那里的人好！"听了老鞋匠的话，年轻人离开了这里。

没一会儿，又来了一个年轻人，他问了老鞋匠相同的问题："老大爷，请问您在这里住吗？"

老鞋匠看了看年轻人，说道："是的，我在这里生活了40多年了。"

年轻人又问道："请问，这里的人怎么样呢？"

老鞋匠反问道："你原来的地方人怎么样？"

年轻人回答说"我们那的人很友好，大家彼此关心照顾，每个人都急公好义，无论有什么困难，大家都相互帮忙，如果不是因为工作调动，我真不舍得离开呢。"

老鞋匠微笑着回答年轻人说："这里的每个人跟你之前的地方一样好，每个人都很友好，大家相处得都很开心，你放心住好了。"

老鞋匠给两位年轻人的答案不同，这启示我们：不管将来身处哪里，把别人想得温暖可爱，自己才能生活在温暖与爱的环境中。

你自己幸福不幸福，在于你内心怎么认为。自己的心态完全决定着自己的幸福或不幸福，既然自己的内心决定了自己幸福与否，那么，从现在起拥有幸福的心态，生活也就会更加快乐的。

　　没有什么标准来衡量幸福。自己幸福不幸福，关键在于自己有着怎样的心态，即怎么看待现在的自己和身边的环境，但有时若将他人关于幸福的标准强加在自己身上，也是不能正确看待幸福的。你觉得自己不幸，那么你就不会幸福；相信自己是幸福的，你的生活就会像你想象中的那样幸福。

进也安然，退也淡定

有时候我们会抱怨自己的失意，抱怨上帝不公平，其实，这主要是因为我们自己的知识面不够，当我们了解了社会，回顾了历史，放眼一下世界，我们就能明白自己的生活是多么的幸福。

同样的环境，不同的人面对挫折或压力的态度不同，导致最后的结果也不同。这中间的差异及结果演绎的过程很复杂，但原因却很简单，因为态度不同，所以结果不一样，就是这么简单。

威廉·詹姆斯是美国著名的心理学家，他说过这样一句话："我们这一代人最重要的发现是，人能改变心态，从而改变自己的一生。"确实，我们自己心态如何能决定我们是否快乐，是否幸福。

若是，你想活得坦然，你就要坦然地看待生活中发生的事；若是，凡事渴望最好，凡事都想照着自己的想法来发展，你就只能感觉到生活的痛苦。

有一个故事是这样的：

有位老太太找了一个油漆匠给她家里粉刷墙壁。油漆匠一进门就发现她丈夫双目失明，顿时流露出怜悯的目光。但是，男主人开朗乐观，在那里工作的几天，他们相谈甚欢，油漆匠也没有提过男主人的眼睛。

墙壁粉刷完后，老太太给油漆匠结账时发现价钱比之前商定的少了很多。她问油漆匠："怎么少算这么多呢？"油漆匠回答说："我跟你先生在一起觉得很快乐，他对人生的态度，使得我觉得自己的境况还不算最坏。为了表达我对他的谢意，减去了一部分，因为他，我现在对生活更加满意了。"

老太太听了油漆匠对他丈夫的称赞感动得流下了眼泪，原来，这位大方的油漆匠只有一只手。

其实，生活中每个人都可能遇到这样或那样的不幸，诸如亲人不幸离去、与恋人分手、面临失业，但是你要明白，你所遇到的事情别人也可能会遇到，别人的情况也不比我们好多少，而人最致命的弱点来自我们自己心灵的绝望，只要我们有颗健康的心灵，一切外来的打击和影响，都无所谓，那些并不能影响我们追求自己的事业和生命的价值。

有位哲人说过："态度就像磁铁，不论我们的思想是正面的还是负面的，我们都受它的牵引。而思想就像轮子一般，使我们朝特定方向前进。"我们无法改变人生，但我们可以改变对人生的态度；我们不能改变环境，但是我们可以改变自己的心境。

让我们拥有单纯超然的心境，这样，我们的人生会少很多不如意，增加更多快乐。进退自如的人也会拥有潇洒的人生。

同样的生活，有的人会觉得很累，很郁闷；有的人却活得很轻松，很潇洒，因为心理压力大，总是被外物牵绊，所以会觉得辛苦；能够摆脱自我的限制，心灵自由，进退自由的人就会生活得很舒畅，整个人生也会很轻松。

不得不承认，人生总是波澜起伏的，人的一生也不停地要同困难斗争，排除人生障碍，很不轻松，但是，生命就是由这些平凡和琐碎构成的。大浪翻滚的日子只不过是惊鸿一瞥，昙花一现。其实，人生中的点点滴滴，都始于平淡，而终于平淡，可以说，人生的真滋味就是平淡。但是，芸芸众生有多少人能明白这个道理呢？

如今，因为一些无休止的欲望导致人心浮躁，难以从容淡定地对待生活。只有拥有淡定安详的心境，才能够行走得更为高远。特别是在现在社会，我们更加应该淡然处世，人生才能更加洒脱。

有一位将军，久经沙场，因为长年在外征战，厌倦了战场上的生生死死，为了逃避战争的喧嚣，他决定出家，在青灯古佛中度过余生。

这天，他来到寺院，向禅师表明自己要出家的心愿和理由，恳请禅师为他剃度。禅师意味深长地对他说："将军，你先不要着急，你出家的时机没到，你要仔细想清楚。"将军回答道："禅师，您就满足我出家的愿望吧！当下，我了无牵挂，什么都可以抛弃，甚至是我的家庭。"禅师心平气和地对他说道："你的心境如此浮躁怎么能出家修行呢，还是再考虑考虑吧。"

禅师一再劝说，将军无可奈何只得先回家。第二天，这位将军为了表达自己的诚意，一大早来到寺院请求禅师为他剃度，让他没想到的是，禅师却莫名其妙地问他道："你这么早来，难道就不害怕你的爱妻红杏出墙吗？"将军顿时恼羞成怒。

禅师笑着说："昨天我说你心态浮躁，不适合出家，现在你承认了吗？"一时间，将军愣住了。

在我们身边，像将军这样的人很多。自以为自己内心已经淡定从容了，但是实际上却达不到真正的豁达的境界。确实，现在社会物欲横流，诱惑很多，想要从容淡定地生活，也不是一件容易的事。

淡定既是一种心境，又是一种洒脱；安详既是一份淡然豁达的心态，又是一种清朗明净的感觉。想要在物欲横流的社会中不随波逐流就需要淡定安详的心境。

在自己的追求中保持一份恬淡，这才是淡定的真正内涵。正所谓："物来则应，物去皆静。"对我们来说，平淡安静才能真正体会到生活的乐趣，内心宁静时生活才能充满阳光。

　　淡定是内心的一种安详，它如树生叶梢般安然。宠辱不惊，不卑不亢，这才是面对世事的态度；不被一切所累，不被流言蜚语左右，这就是真正的淡定、安详。拥有淡定安详的心态，我们才能在粗茶淡饭中享受天伦之乐。才能在喧嚣浮躁的世间保持一份"众人皆醉我独醒"的超凡境界。

不要一直紧绷心里的那根弦

现在社会生活节奏很快，每个人都面临很大的压力，有的人为了追求更高的生活质量而打拼，有的人为了实现自己的理想而努力，生活在这种压力之下，时间长了，就开始变得紧张兮兮的。当生活中再出现问题时就会焦躁不安，无所适从。

因为心中拴上了紧紧的弦，所以这样的人会感到苦恼。他们不知道应该经常放松自己，所以心里会感到焦急烦恼。

其实，只有真正找到自己烦恼的根源才能改变紧张的状态，比如，自己今日是否因某件事情而造成压力过大，或者自己的心态是不是过于紧张，找到根源，对症下药，才能解决问题。

我们每个人都难免会因为生活中的一些琐事变得紧张焦躁，从医学角度来讲，如果我们情绪非常激动，就很容易使体内释放的肾上腺激素进入到我们的血液中，这样一来，不光使心率和呼吸次数增加，还会给胃部造成各种不适，时间长了，我们的健康会因为这些状况受到危害，甚至是威胁到生命的安全，所以，我们要学会控制自己的情绪，千万要记得：不要忘记松松自己紧绷的弦。

如果我们总是过度紧张，事情不仅不会好转，而且还会变得更加糟糕，甚至惹出不少的麻烦。反之，如果我们心静如水，事情一定能够有缓和的余地，甚至，开始往好的方向转变。所以，不管面对的是什么样的事情，我们都要松弛一下自己那根紧绷的弦，时不时地去松一松，只有这样，我们才能更加冷静地思考与判断，更加快速地解决问题。

那么，怎么才能有效地松弛紧张的神经呢？

第一，要心胸宽广，现实中的什么事情都要看透。无论生活中发生了什么事，我们都要经受住那种冲击力和压力，表面上就要不在意。同时，还要有意识地去深呼吸，将自己的呼吸调深、调慢、调匀，默默计算呼吸的次数，这样，我们的精神会放松下来。

第二，做事之前，我们要做好准备工作。如果我们要作演讲，那么就应提前准备好要演讲的大纲和内容；如果我们要参加会议，那么，就应提前总结一下自己的想法，以便应对会上发生的讨论；如果我们要去赴约，那么，就应该提前打扮好自己以免出现尴尬；如果我们要去应聘，那么，就应提前做好相关的功课，等等。总之，只要我们提前做好准备，就不会轻易紧张了。

第三，想着事情的积极一面。不管是为人还是处事，都要保持积极向上的心态，把事情往好的方向想。尽管这些想象的东西不是实际存在的，但这样至少可以让我们不那么焦躁，消极情绪自然就会被轻轻地拿下。比方说，在选题讨论会上，你可以试想一下，会议的气氛很好，感觉很棒；或者想象自己在会上发表的观点很精彩，观点得到大家的赞同；或者会上大家都洋溢着笑脸，讨论会在圆满中结束。这样的想象让我们放松，事情也会进展得更好。

第四，多实践，多锻炼。其实，每个人实践得越多，就越能应付曾经遇到的相同情形，这样，我们才会更加有自信。因为，只有我们经历过的事，我们才能更懂得怎么处理，也能够看到事情发展的方向。因此，我们要多抓住实践的机会，锻炼自己，远离紧张的情绪，回归自然平和的心态。

第五，不要太在意他人的看法。生活中，因为太在意别人对自己的看法或者在意自己在他人心中的印象，我们会变得很紧张。但事实上，他人对我们也许并没有过多的不满和想法。所以，我们应该把精力放在提高自我和解决问题上，这样才不会总是在意别人的目光，自己独立地思考也就没有时间去想别人是怎么看待自己的。

总之，我们的生活不是平坦的阳光大道，存在许多的坎坷，有很多不如意的事情，所以，我们保持一个平静的心态就显得十分重要，千万不要让拴在神经上的那根弦使我们找不着方向，也只有彻底放松自己的身心，才是更好地完善自我，人生才能更加美好，我们的智慧和力量只有在这样的状态下才能更好地发挥，我们的理想和目标也才能实现。

　　我们每一个人都应该回到现实、面对现实，做好当下该做的事，不要回忆过去或者担忧未来。比如，领导下午需要一个文稿，那么，我们现在就要集中精力把它做好，而不是去担心明天上午开会讨论选题的事情；而在次日讨论选题的时候，我们就不应该担心晚餐吃什么。因此，做好当下的事情是重中之重，担心不该担心的事只会让自己更加不安。

用微笑迎接明天的开始

> 每个人的一生都不可能一帆风顺，在追求和奋斗的过程中，挫折与痛苦都是难免的，此时，只有微笑面对，我们的生活才能更加精彩。

英国浪漫诗人雪莱说："冬天到了，春天还会远吗？"法国作家萨克雷说："生活就像是一面镜子，你对它笑，它就会对你笑。"在逆境和黑暗来临的时候，我们需要的是勇气，更需要的是微笑。拥有乐观的心态，明天才能更加灿烂，生活也会更加美好。

一位哲人说过，经常微笑的人，运气不会很差。笑容是一个人最真诚的信差，他的笑容可以照亮所有看到他的人。微笑很简单，但它带来的价值却是无价的。

有一个并没有被上帝照顾的人，他的身高仅有 1.55 米，他推销保险的时候已经三四十岁了。前半年，他没有任何业绩。

因为没钱租房，他只能睡在公园的长椅上；没钱吃饭，他就吃专供给流浪者吃的剩饭；没钱坐车，他就步行前往他要去的地方。

上帝在给他苦难的同时，也给了他另一种财富，那就是自信乐观的个性，因此，他能经常保持微笑。

在心里，他就没有把自己当成失败的人，事实上，他也是这样表现的。每当清晨从公园的长椅子上"起床"的时候，他就向每一位他所碰到的人微笑，不管对方是否在意或者回报他的微笑，他都不在乎，而且他的微笑永远都是那样的由衷和真诚，看上去是那么精神抖擞、充满信心。就这样，凭借着他的微笑，他成为日本最出色的推销员，他就是原一平。他的微笑也被称为"全日本最自信的微笑""最有价值的笑容"。

微笑的力量是不可估量的，它可以点亮天空，振作精神，改变你周围的气氛，我们的明天也会更加灿烂！

一位成功人士说过："若是长相不好，就让自己有才气；如果才气也没有，那就总是微笑。"微笑能展示自己的自信，传递乐观积极的生活态度，一个人的思想、性格和感情也是通过微笑表现出来的。微笑是富有感染力的，它能让人与人之间更容易沟通，更加容易和别人建立友谊。人与人之间的关系也会更加单纯轻松，更加融洽自然。

微笑，对敌人来说是一种度量；对伤害过自己的人来说是一种宽容；对陌生人来说是无声的交流；对朋友来说是纯洁的友谊；对亲人来说是最真挚的爱……一路带着微笑走下去，心情会因微笑而快乐；如果我们能够微笑，能够有安详平和的心境，不仅自己的身心会更加健康，也能够感染、滋润身边的人。

微笑是最美丽的表情，微笑是永远年轻的面孔。微笑可以驱散心头淤积的悲伤与苦痛，它可以激励疲惫的人继续前行，温暖寒冬中的弱小者……

有位名人说过这样一句话："人的生命，似洪水在奔流，不遇着岛屿、暗礁，就难以激起美丽的浪花。"生活中，我们会遇到各种各样的挫折，我们也会伤心难过，此时，为什么不试着用笑容代替眼角的泪水？失意苦恼时，愁云笼罩在心头，为什么不用笑容驱走那一片阴霾？常言说："伟大的心胸应表现出这样的气概——若是命运悲惨就用微笑迎接，用百倍的勇气应付。"

就算前方有很多坎坷，我们也要微笑面对，如此，生活就会少许多遗憾，多一些坦然。

有的人说，生活是甜蜜的，因为时刻能听到欢声笑语；有的人说，生活是苦涩的，因为要经历无尽的艰辛和无奈；有的人说，生活是酸楚的，总是让人叹息不已；还有的人说，生活是新鲜、刺激、多彩的，永远有新生事物出现，是赤、黄、橙、绿、青、蓝，紫的组合。　让我们用微笑来面对生活，用微笑来面对每个人、每件事，你就会看到阳光灿烂。

永远看到生活的亮点

在同样的生活环境中，浮躁的人看到的只是让他心烦的人和事，淡定的人看到的都是生活的美好与温暖。

有句话说："比海洋更广阔的是天空，比天空更宽阔的是人的心灵。"生活可能会磨炼你，压迫你，但是，生活不会限制你的思维，你的心灵视野是永远自由宽广的，无边无际。

有一个人，他单身的时候和朋友住在非常狭窄的小屋，生活非常不便，但他一天到晚总是乐呵呵的。有人问他："这么多人住一起，连转个身都困难，你有什么可高兴的？"这个人说："跟朋友们在一块儿，随时都可以交换思想，交流感情，这本来就是值得高兴的事情呀！"

不久之后，朋友们相继成家，陆陆续续搬了出去。屋子里只剩下了他一个人，但是他每天仍然很快活。有人问："现在就你一个人，孤零零的，有什么值得开心的呢？"这个人回答说："我有很多书啊！一本书就是一个老师，和这么多老师在一起，时时刻刻都可以向它们请教，这难道不令人开心么！"

这个人在几年后成了家，搬进了一座大楼里。这座大楼有七层，他的家在最底层，底层的环境很不好，楼上总是往下面泼污水，丢死老鼠、破鞋子、臭袜子和乱七八糟的脏东西。但是，这个人依然自得其乐。这时，有人好奇地问："你住的环境这么差，你为什么还这么开心呢？"这个人说："你不知道住一楼有多少好处啊！进门就是家，不用爬楼梯；搬东西也方便，不必花很大的力气；朋友来访容易，很容易就找到了……尤其是，我可以在空地上种菜养花，这么多的好处难道不令人开心么！"

一年后，这个人搬到了最高层，把之前的一楼让给了自己的朋友。但是他依旧每天都很快乐。又有人问："住那么高有什么可开心的呢？"他说："有啊，住在高楼好处可真不少呢！比方说，每天上下楼梯能锻炼自己的身体；光线好，看书写文章不伤眼睛；没有吵闹声，白天晚上都很安静。"

有人问他："为什么我感觉你的环境并不好，可你却总是那么开心呢？"他回答："环境只是外在的，只有心境愉悦人才能快乐。"

看来，只有拥有淡定的品行才能看到生活中美好的一面，自然能做到宠辱不惊。宠辱不惊是最高境界的包容，它不是消极避世，也不是看破红尘，而是远离名利、远离喧嚣的一种坦然，一种从容。

失意是人生难免的，得意总会忘形。埋怨现实，抱怨失败，这都是没有意义的，一切都应该看淡看轻。不要过分感叹失去，因为走过的路不能倒退，也不要过分庆幸获得，因为那都是过去，将来的路还要继续。我们应该做的就是珍惜每一个瞬间，并满怀热情地去面对下一刻。只有我们的内心淡然下来，不再执着迷恋世俗人情，我们才能获得新的人生境界，才能真正体会到淡定的意境。

有这样一句话："白纸上不能只看到黑点，黑纸上也要看到白点。"当痛苦来临时，不要总问"为什么偏偏是我"，因为快乐降临时，你可没问过这个问题。成长了才知道，世界上任何事情总有它存在的理由，包括痛苦，包括不幸，包括失败。而你能做的，只有接受它，然后想想在天黑之前还能做些什么。

生活中的亮点不难发现，它们就存在于我们周围，星星点点，照耀人心。只要你善于发现，在一颦一笑中都会有亮点的闪光，它们带给你的不是刹那的闪烁，而是永久的记忆。

第二辑
用阳光驱走心里的黑暗

在现实生活中，没有人是十全十美的。在每个人的生命历程中，梦想和智慧的种子都会在他的内心生根发芽，然而由于种种原因，并不是所有人都能够收获幸福和快乐的果实。其实，只要我们以阳光的心态拥抱生活，驱走黑暗，生命就可以更加精彩、更加绚烂。如果你是一个热爱生活的人，那么，赶快让阳光照亮你内心的每一个角落，尽情地释放激情、展现自我吧！

世界上没有完美的人

> 具体到某个人也好，某件事物也好，都有一条必然遵循的规律——有舍就有得。无论冠在任何一个人的头上，"完美"这个词都是无法成立的。

在这个世界上，完美的人是不存在的。或者，心灵方面不完美；或者，肢体方面不完美；又或者，做人做事方面不完美。有的时候，人们刻意地去追求，一旦得到以后，而到了自以为"很完美"的时候，却发现自己失去了原本拥有的那种幸福和快乐。

读完下面这则童话故事，你一定会受到启发。

有一个缺了一块、不完整的圆，一心想要做回完美的自己，于是踏上了寻找碎片的行程。

由于是不完整的，因而它滚动的速度很慢，也正因为如此，它领略了沿途美丽的风景，还饶有兴趣地和小动物们聊天，这一路上，它十分快乐。

一路上，它遇到了许多不同形状的碎片，但它们都不是它原来的那一块，于是，它又努力地寻找着真正属于自己的碎片……终于，它实现了自己的心愿。

然而，现在的它太完美了，所以滚动的速度非常快，既欣赏不到路边鲜艳的野花，也顾不上和小动物们说话。经过一番思考之后，它毅然舍弃了那块历经努力才寻找到的碎片。

最终，它又找回了之前的那份快乐。

这个重新获得完美的圆，却失去了领略自然风光的好机会，同时也失去了一份味道浓厚的快乐。看来，真正的完美是不存在的。同样道理，我们人类也是如此，所以根本就无需给"完美"去画感叹号。

现实生活中，总有不少人想尽一切办法去实现"完美"。岂不知，这种热烈追求完美的精神，其实是一种令人发笑的盲目、无知和妄想。因为，"完美论"是不成立的，对于缺陷和瑕疵，坦然地面对和接受才是最佳的选择。

有一个渔夫，从海滩上捡到了一颗大珍珠，他觉得十分宝贵，一直爱不释手。

但是，美中不足的是，这颗珍珠上面有一个小黑点。于是，这个渔夫心想："假如把这个小黑点去掉，那该多好啊！"

于是，渔夫找到一把刀，准备刮掉珍珠上的那个小黑点。可是，刮掉一层，小黑点依然存在，再刮一层，小黑点还在上面，当刮到最后的时候，小黑点终于不见了，但是珍珠也变成了粉末。

在现实生活中，有不少人也像故事中的渔夫一样，本意是为了追求某种完美，却无意中丢弃了原本可以拥有的东西，最后往往愿望落空。其实，我们在生活或者工作的过程中，对自己充满信心，尽自己所能将事情做到最好就可以了。尽管没有完美的人，但是并不妨碍我们创造完美的结局。在遇到磨难和挫折的时候，我们更要鼓足勇气，努力奋斗，以所向披靡的姿态，最终为自己的人生画上一个完美的句号。

总之，世上没有完美的人。在追逐成功的过程中，我们首先要接受来自现实的各种挑战，同时要始终保持一种乐观、自信的积极心态，相信自己终有一日会像大鹏展翅一样，以王者的姿态飞向更广阔的天空，为自己的人生铭刻上完美的记号。

实际上，无论是精神疲惫还是放纵自己、逃避现实，都是自己折磨、捉弄自己的一种表现。这个世界本身就是不完美的，人又怎么可能完美呢？一切都是相对而言的，顺利总伴随着波折，鲜花总带有尖刺，欢笑时也会留下泪水。

不要自寻烦恼

对于一个人来说，自己制造烦恼无疑是一件悲哀的事情。假如制造了烦恼，却还不赶快将其丢掉，而是保留在心中的话，真可以说是一件悲哀之极的事。

里根·史密斯说过这样一段话，大概意思是说："人生应该有两个目标，第一，获得自己想要得到的东西；第二，充分享受它。而第二个通常只有智者才能做到。"

有这样一个心理学家，做了一个非常有意思的实验：他先找来一群实验者，然后要求他们在周末的晚上写下自己在下一周所担忧的事情，然后投入一个大型的烦恼箱中。过了3周以后，他当众打开这个箱子，与实验者逐一核对每项烦恼，结果表明，其中90%的担忧并没有真正发生。

然后，他又要求实验者将那些真正发生的10%的烦恼重新丢进箱子里。等过了3周，再来寻找解决之道。结果到了那一天，他却发现没有了开箱的必要，因为对于剩下的10%的烦恼，实验者已经有能力解决，因而不再是烦恼了。

通过这个实验可以看出，烦恼是自找的，这就是所谓的自找麻烦。据统计，一个人的忧虑通常有40%属于过去，有50%属于未来。其中，92%的忧虑根本没有发生过，而剩下的8%是能够从容应对的。

七情六欲和喜怒哀乐是每个人都有的，烦恼也是谁都避免不了的。但是，烦恼对不同的人的影响是不同的，这个因为每个人对待烦恼的态度不同。例如，心态乐观的人通常很少自寻烦恼，而且善于淡化烦恼，所以活得轻松且潇洒；而多愁善感的人喜欢自找麻烦，一旦有了烦恼，便忧愁不已，牵肠挂肚，无法排遣，活得闷闷不乐。

在现实生活中，很多人本来应该是没有烦恼的，他们的大多数烦恼都是自找的，或者说压根就不是烦恼。例如，当了几年主管之后就想当经理，结果老总却提了一个资历、能力不如自己的人上去，你心里肯定有所不满，其实你所处的位置不知有多少人羡慕着，再说经理有经理的烦恼，而且经理的烦恼未必少。还有的人为金钱而烦恼，有了一万想十万，有了十万想一百万……其实，这些都是不必要的。

比尔·利特尔是美国的一位心理治疗专家，经过研究他认为，假如一个人有以下心理或做法，必定会促使其自寻烦恼、无事生非：

第一，对别人的问题大包大揽。如果你把别人的问题揽到自己身上而自怨自艾，把某些人不喜欢你的原因也统统归因于自己，那么用不了多长时间，你就会烦恼成疾。

第二，树立不可能实现的目标。那些惯于抱有不切实际的幻想的人是最可怜的人。假如一个人把自己的目标制定得高不可攀，根本不可能实现，他就会因此而痛苦不已。

第三，只看到消极的一面。谁都受到过不公正的待遇，谁都有别人对自己不友善的经历……但是，假如你一直把注意力集中在这些不好的、负面的事情上，你就等于用这种消极的思想方法来给自己寻找烦恼。

第四，制造隔阂。不仅不去赞扬别人，而且对人不使用任何鼓励的话语，总是喋喋不休、小题大做地批评、挑刺、埋怨，这是制造隔阂、自寻烦恼的妙法。

第五，将问题滚雪球式地扩大。在问题第一次出现时，就应该正视它，将它化为乌有。反之，假如让问题像滚雪球一样不断地扩大下去，最后滚雪球的人总是遵照一条简单的规则行事：如果错过了解决问题的时机，索性再往后拖拖。这样，只会使问题越来越糟。

第六，以殉难者自居。母亲们承担了大部分的家务劳动，然后对自己说："你们都不心疼我，在这个家里，我就是个仆人。"当父亲的也采取同样的态度："我的骨架都累散了，谁也不把我当回事，所有人都在利用我。"经常这样想，不然会使你的烦恼增多，而且还会让周围的人讨厌你。

无论你是什么人都无法超越"有得必有失的"辩证逻辑。即使你不自找烦恼，但烦恼也少不了，因为我们都是现实的，不是超凡脱俗的圣人，所以，我们就要学会将烦恼淡化、化解。

那么，怎样才能做到这一点呢？不妨试试以下方法：

（1）比较的观点。例如，遇到了重大的自然灾害，死伤多人，皆为不幸。未伤者受惊，轻伤者轻痛，重伤者重痛，死亡者惨痛，由前往后比，虽然不幸，但又何尝不是大幸？

（2）时间的观点。一个人遇到烦恼之事，应该主动从时间的角度来考虑一下，这样可以大大减轻心中对此烦恼之事的感受程度。受了领导的当众批评，面子很过不去，心里难以承受，不妨设想一下，三天后、一周后甚至一个月后，谁还会记得这件事，为什么不提前享用这时间的益处呢？

（3）现实的观点。对于现实，要做到勇于承认，坦然面对，尤其是已成事实的过失及灾祸，不必为之过多地后悔和烦恼，也不必因此而不断地责备自己或他人，而应把思想和精力用于弥补过失，以最大可能地减少损失，否则过多的后悔、不休的责备，不仅无济于事，而且还会将事态扩大，徒增烦恼。

（4）换位的观点。俗话说："当局者迷，旁观者清。"烦恼也是如此。身处烦恼之中的人，常常执着于一点，钻牛角尖，千丝万缕难理清头绪，甚至自己无法控制自己，这时候，处于局外旁观者的劝导，往往可以起到指点迷津、淡化烦恼的作用。假如你正处于烦恼之中，你不妨旁观者的角度给自己建议。

另外，还要知足，知足者常乐。假如你对自己要求过高，始终不知足，自然很难感到快乐，烦恼也会不请自来。其实，烦恼就像天空上的一片乌云，如果你的心中是一片晴空，那么烦恼不会对你有丝毫影响。

　　我们大多数人都是平平常常、普普通通的人，都应该具有自知之明，用平常人的心态来做好平凡的工作，并努力干出不平凡的业绩。任何不切实际的幻想，都是自寻烦恼的表现。对于自己的能力、学识和特长，我们都应有一个正确而清醒的判断，清楚自己可以并擅长做的事情，然后以平和的心态来对待自己、对待工作，这样才能享受快乐幸福的生活。

接纳自己，包括缺憾

在人生的旅途上，多受一次挫折，就能更深一层读懂人生；多一次失误，就能更进一步读懂自己。

在现实生活中，接纳自己就是清清楚楚地认识自己，而非画地为牢；接纳自己，就是从本质出发，实现自己的理想和愿望。对于每一个人来说，只有用心接纳自己的所有，无论优势劣势，才能让自己的生活变得朝气蓬勃、活力无限。如若不然，就等同于迷失了自己、否定了自己，就会使生活变得一团糟。

《庄子》中记载着这样一个故事：

有一天，子祀得知好友子舆生病了，便前去探望。两个人一见面，子舆竟然在子祀面前调侃了自己一番："造物主竟然将我的模样变成了一个驼背！背上生了五个疮口，面颊因伛偻而低伏到肚脐，两肩隆起，高过头顶，脖颈骨则朝天突起。"

实际上，子舆由于感染了阴阳不调的邪气，模样才变成今天这个样子的。只见他神清气定地踱步到井边，从井里照见了自己的样子，他带着戏谑的口吻说道："怎么？造物主又将我变成了这番搞笑的模样吗？"

子祀问子舆："这种病是否让你感到非常厌烦呢？"

子舆回答："怎么会呢？假如造物主把我的右臂变成弹弓，我就可以用它去打斑鸠；假如把我的左臂变成一只鸡，我就可以在夜里为人们报晓；假如把我的尾椎骨变成车辆，我的精神幻化成为一匹马，我就用它遨游世界。总的来讲，人要学着安于时机而顺应变化，这样一来，哀乐就不会侵扰人心，即为'解脱'（悬解）。那些不能自我解脱的人，一定是受到了外物的捆绑；相反，那些能够自我解脱的人，自然不会受到外物的束缚。既然我无法改变我现在的模样，那我又为什么不接受它呢？"

这个故事揭示了生活中的大智慧——每个人都必须接纳所有的自己，相信自己，勇敢克服困难，努力实现人生的抱负。假如一个人不懂得接纳和实现的重要性，那么他将永远无法实现人生的辉煌。而只有读懂和接纳了自己，我们才会远离烦恼，真实生活。

假如不善于接纳自己，便会身不由己地陷入痛苦和彷徨之中；假如违背了自己本质上的想法，空虚与不安也会接踵而来。一旦读懂了自己，勇于接纳自己，就不会被表象所蒙蔽，更不会因磨难而恼怒。

有这样一则寓言故事：

有两只老鼠，一只住在乡下，一只住在城里，彼此的关系很要好。一天，乡下老鼠写信给城市老鼠："老兄，假如有时间，欢迎你来我们这里做客。我这里特别的美，空气也非常新鲜，在这里生活特别的悠闲。"

城市老鼠收到来信后，非常开心，立刻动身前往乡下。到了那里以后，乡下老鼠热情地拿出积攒的大麦和小麦招待城市老鼠，不料，城市老鼠不以为然地说："我感觉这里的生活太清贫了，唯一的优点就是粮食充足。这样吧，还是去我家做客吧！"

就这样，乡下老鼠前去城市老鼠家做客。

果然，城市老鼠家的房子既整洁又漂亮，乡下老鼠心里十分羡慕，想到自己在乡下从早到晚，奔波于农田，冬天还得到雪地里搜集粮食，夏天更是辛苦，和城市老鼠相比较，自己的生活实在是太过贫苦。

过了一会儿，城市老鼠便带着乡下老鼠爬到主人家的餐桌上享受美味的食物。突然，"咣当"一声，门开了，有人走了进来。两只老鼠吓得像丢了魂魄一样，躲进了墙角的洞里。

后来，乡下老鼠战战兢兢地对城市老鼠说："我觉得，乡下生活才是适合我的生活。这里的房子虽然豪华，食物固然美味，但是与其每天这样精神紧张地活着，还不如回到乡下快乐地过每一天。"乡下老鼠说完以后，迅速离开了城市老鼠的家。

马尔登曾经这样说过："我们在构筑自己的目标的时候，也要充分考虑自己的个性、习惯。"在这个故事中，乡下老鼠和城市老鼠有着不同的个性、生活习惯和生活方式。因此，尽管它们对对方的生活环境充满了好奇，甚至开始有羡慕，但是它们最终还是选择了回到自己那舒适、快乐的家。

在现实生活中，有不少人在问题丛生的时候，根本就不懂得怎样去做相应的处理，关键原因在于其对自己丝毫都不了解，更不懂得自己的优点是什么，缺点是什么，最后的结果必败无疑。

对于上述这种情况，我们唯一的解决方法是：重新作选择、重新下决定、重新定方向。也就是说，在了解了自己的强项之后，弄清楚自己向哪方面发展对自己更有利，从而确立具体的行动方向和目标。其实，每个人的才能和素质都存在着差异性，若能了解、集合自己的所有优势，将其合理利用，这样才不至于使自己的才华被埋没；若读不懂自己，更不肯接纳自己，成功将"难于上青天"。

一个人只有读懂了自己，肯接纳所有的自己，才能有更深层次的自知度，才能很好地设计自己，才能从事自己最擅长的工作。当然，如果一个人只是一味地否定自己，那样只会焦虑不安，无法挑战突如其来的磨难。总之，我们应学会根据自己的"身材"为自己"量身定做"，唯有认真了解、接纳了自己，才能有攀上成功巅峰之希望。

一天，苏格拉底的三个弟子过来向他请教："如何才能找到自己理想的伴侣？"

苏格拉底没做直接的回答，却令人不解地让三个弟子去走麦田埂，并且规定，只允许其向前行进，仅给一次选摘最大麦穗的机会。

第一个弟子刚刚走出几步，一看见有支麦穗又大又漂亮，就不假思索地将其摘了下来。但是，在他继续前进时，却看见了不少更大更好看的麦穗，最后，他不得不带着遗憾走完全程。

轮到第二个弟子的时候，他倒是吸取了一点教训，每当他要摘麦穗时，总是不忘警醒自己说："别急，后面还有更好的麦穗。"然而，当他临近终点的时候，他才知道已经错过所有机会了。

接下来，第三个弟子吸取了前面两个人的教训。当他走到三分之一路程的时候，即分出大、中、小三类，当他再走过三分之一路程的时候，他开始验证是不是正确，在最后三分之一路程里，他选出了既大又漂亮的那支麦穗。

尽管这支麦穗可能不是最大最美丽的，但是他走完全程以后，对自己的做法非常满意。

其实，追求完美只不过是在追求一种幻景而已，真正的完美，是指只要比常人做得好一些就可以了。在苏格拉底的三个弟子中，第三个弟子总结他人之经验，所得的到麦穗也许不是最大最好看的，但是，较之前的两个人而言，他做得最好！

有句广告词是这样说的："没有最好，只有更好。"不管在什么样的环境中，我们都需要谨记：永远不要陷入"奢望完美"的沼泽地，也就是说，不要让自己背负沉重的心理负担，凡事只要不留遗憾，尽力就好。

对于我们的一些现状，凡是能够改变的，我们则应尽力去改变；凡是我们无法改变的，我们则应坦然地接受它。有缺憾的，未必就是不完美的，当我们的心灵沉静下来的时候，不妨从另外一个独特视角去看待缺憾，可能缺憾才叫真完美。

有一个单身了半辈子的男人，在他43岁那年，他突然结了婚。新娘跟他的年纪相仿，原本是个歌星，在婚姻方面不是很顺利，曾结过两次婚，最后都分手了，现在在歌坛上几乎销声匿迹了。在不少朋友看来，这个男人很亏，他们总认为新娘有太多的不完美。

一天，这个男人与朋友们一起开车出门，他一边开着自己的车一边笑着说："我还年轻的时候，就一直有个梦想，盼望着能开上宝马车，但是没钱的我却买不起。现在还是这样，我的钱仅够买一辆三手车。"

事实上，他现在开的就是一辆老宝马车，朋友回答说："三手车也不错呀！"

他听后笑着说："是啊，旧车也不错！我现在的妻子，尽管结过两次婚，还在演艺圈打拼过20年，她经历过那么多的事情。如今的她，已经没有了原来的娇气和浮华气，而且，她还会做一手好菜，又懂得料理家务。说真的，我认为这是她一生中最完美的季节，我在这个时候遇上了她，实属我的福气呀！"

"对，非常有道理的！"朋友也跟着陷入沉思。

过了一会儿，他又接着说道："再拿我自己和她比较一下，我也有许多不完美之处，以前我还做过很多不靠谱的事情。正因为我和她都经历了这些，所以，我们都变得成熟多了，更重要的是，我们知道彼此珍惜、彼此忍让，这种不完美却称得上是一种完美啊！"

故事中的这位"不完美"男人和"不完美"女人最终走到了一起，组建了幸福而快乐的家庭。从某种角度来看，作为一个人，不管是善还是恶，不管是对还是错，不管是完美还是有缺陷，我们都是可以从中受益的，正是两个人的"不完美"才打造了一种美满的家庭生活。

"完美本是毒。"这是一位哲人曾经说过的一句话。这真的需要我们细细体味，如果每件事情都要刻意追求一种完美，无疑是给自己的内心施压、增负，因为追求完美的性情若长此以往演绎下去，就会让一个人变得越来越执着，同时，无边无际的烦恼和忧愁也会相约而至。

有一天，寓言家布里丹牵着自己的小毛驴到野外去找草吃。布里丹见左边的草长势很好，于是赶紧带小毛驴到了左边。很快他又觉得右边的草色更绿，于是，又赶紧将小毛驴带到了右边。紧接着，他又想，也许远处有更鲜嫩的绿草，于是，他又匆匆忙忙地将小毛驴带到了远处，再走，又觉得草的量小……

就这样，布里丹带着自己的小毛驴，一会儿到左边，一会儿到右边，一会儿到近处，一会儿到远处，自始至终主意也定不下来。

最后结果是，这头小毛驴被活活地饿死在半路上。

布里丹的选择就是一种"完美主义"的体现，殊不知，世上没有绝对的完美，总向往"他方必有鲜嫩的草"的想法是多么荒唐和可笑。而有缺憾的人或者事物也称得上是完美的，比如，维纳斯的断臂之残缺，却是其最大的魅力之所在。假设维纳斯不是断臂，那么，她还会像这样能流传千古吗？正是她具有了这份缺陷，才成就了艺术上真正的完美。

所以说，征途中的我们应该以阳光般的心态看待缺憾。一路平坦，没有坎坷的人生之路才叫不完美；相反，铺满磨难的人生之路才能倍显一种韵味十足的真实和完美。

　　在人生的旅途上，无论是苦与乐，还是得与失，我们都要如实地学会接纳和挑战。假如把人生比作一场电影，那么，自己就是整部电影的编导，不仅要将所有的故事情节安排好，而且要负责读懂自己，接纳所有的自己。唯有如此，我们才能实现每一个目标，才能更好地掌握人生。

培养一种成熟稳重的心态

保持稳重成熟的心态，不仅有利于得到别人的信任，而且可以在成功的道路上走得更远。

一个心态平和稳重的人更能被社会所认同。如果没有成熟稳重的心态，在面对一些事情的时候，就不能够平和地去面对。对于一个心态不够成熟稳重的人来说，即使他的才能卓著，也不会很好地融入社会。

有这样一个故事：

有一次，美孚石油公司准备招聘一批基层管理人员，计划招聘10人，报考的却有上千人，竞争非常很激烈。应聘人员先进行笔试，然后由总裁亲自面试，在笔试与面试合格后，根据综合成绩选出10位最佳者。

公司总裁看过笔试通过的名单后，发现有一位在面试时给他留下深刻印象的年轻人的名字没有在名单里面。

于是，总裁觉得很意外，随即叫人复查考试情况。结果发现这位年轻人的综合成绩其实名列第二，只是因为工作人员统计失误，排错了分数和名次，结果这位年轻人落选了。总裁得知后，立即让工作人员给他补发录取通知书。

然而，第二天，部下遗憾地告诉总裁说：这位年轻人因为没有被录取而跳楼自杀了。录取通知书送到时，他已经死了。听到这一消息，总裁沉默了好久。他的一位助手在旁自言自语道："多可惜，这样一位有才华的年轻人，我们没有录取他。"

"不！"总裁摇摇头说，"幸亏我们公司没有录用他，这样的人是干不成什么大事的。"

再看另一个例子：

很久以前，一位普通的日本青年进了一家大公司，做了一个小职员。在平常的工作中，他发现公司存在着很多问题，于是不断给上层管理者写信，并提出改善的建议。虽然，他的信每每如石沉大海，一点儿回音也没有。但他并没有放弃，只要发现问题，他仍然写信，仍然提出自己的建议……10年后的一天，他终于得到了回报，他被派到一个分公司任经理，他工作非常出色。后来他当了这家大公司的总经理。

一个人即使能力再强、际遇再佳，他的一辈子也不可能一帆风顺，如果你是为人作嫁衣，便总会有坐冷板凳、不受到重用的可能。在面临困难的时候，如果你能够用一种成熟稳重的心态来对待，那么成功就会离你越来越近。

一个心态平和稳重的人，即使面对困难，也不会轻易说放弃；而一个没有成熟稳重心态的人，最终会被生活所抛弃；所以，你必须培养积极心态，以使你的生命按照你的意愿生长，这样才能成就大事。

用一束光照亮心灵的阴影

无论处于怎样的环境下，我们都不能一直沉浸在忧伤的梦里，而应该勇敢地打开心灵的枷锁，让灿烂的阳光照亮和温暖我们的心灵。

阴影，往往令每一个人讨厌，但是，它是我们每一个人身上都具有的，总是偷偷地隐藏在我们身上。而我们总会很忌讳属于阴影的那一部分，因为它是另一个"我们"，很容易让我们陷入恐惧和不安。所以，我们要在自己的心灵阴影处，投入一束光，驱走我们的担忧和害怕。

其实，在我们每一个人的内心深处，都藏着一把解脱心灵的钥匙，无论我们现在是贫穷或富有，只要坚信自己"我能行"，那么这种信念就会渐渐演变为一种创造性的状态。在这种状态的驱使下，我们就会慢慢开启那把心灵之锁。

有一对兄弟，哥哥4岁，弟弟3岁，由于卧室的窗户整天都密闭着，屋里的光线太过暗淡，所以兄弟俩对外面温暖的阳光十分向往。两个人为此商量说："我们把外面的阳光扫一点进来吧！"

于是，这兄弟俩就拿上扫帚和簸箕，走到阳台上，开始扫阳光。可是，等到他们把簸箕搬到房间里的时候，阳光顿时就不见了。

就这样，两个人反反复复地扫了许多次，屋里还是那么阴暗，一丝阳光也没有。后来，一直做家务的母亲注意到了两个儿子的举动，便问道："你们在做什么？"兄弟二人齐声回答说："妈妈，这个房间的光线太暗了，我们想扫一点阳光进来。"妈妈听后，微笑着说："你们只要打开窗户，自然会有阳光照进来，哪里需要去扫呢？"

其实，我们心灵的阴影就像故事中房屋的阴暗一样，一旦发现，就应该勇敢地打开心灵这扇窗，让阳光照进来。并且，我们不仅需要打开心灵之窗的工具，而且还要以积极的心态去拥抱阳光。这对于我们每个人的人生而言，都具有非凡的意义。

在现实生活中，每一个人都可能遭遇很多的困难和挫折，说不定明天或后天，不幸或不如意就会悄悄降临在我们的头上，所以说，我们只有找到一把适合自己的钥匙，打开自己的心灵之窗，让一道光照亮心灵的阴影，才能真正打开未来的成功之门！

例如，工作上遭受了打击，或者爱情上受到了伤害，或者生活中有各种不如意，等等。我们的心灵会被这些现实中的情形套上一个沉重的枷锁。时间一长，我们便会在心灵的阴影中无法自拔，越活越累。而恰恰在此时，书中偶然看到的一句话，朋友之间的交谈，别人投来的一个微笑，或许对我们而言，都是那么弥足珍贵，它们就如同一把钥匙，将逐步打开我们的心灵枷锁。

在生活和工作中，总有一些人喜欢让过去在自己的心灵上投下阴影，例如，有的人曾经在大学里拥有一段美丽而纯洁的爱情，因工作地域等原因，两个人无奈地分手，于是从此一直走不出心痛的阴影。其实，缘分是不可强求的，随心随缘才叫作真实的人生。再比如，有的人曾经拥有过一份非常好的工作，后来由于自己的一时大意而丢掉了这份工作，于是，他就后悔不已，始终走不出这个阴影。其实，生活中有些事情只要我们尽力了，问心无愧就够了。

生活就像一场梦，有欢声笑语的时候，也有黯然神伤的时候，更有忧伤疲惫的时候……面对心灵的阴影，我们需要寻找一束光，将其照亮。不管我们处于怎样的情境中，我们永远都不要沉浸在忧伤的梦里，而是应该勇于抛掉心灵的阴影，让心灵拥有灿烂的阳光和温暖才是现实中要做的。

只有在阳光的照射下，心灵上的花草才会茁壮成长；相反，那些整天只知道追踪阴影的人，眼里所能看到的也只有阴沉和黑暗。而要想让阳光照亮心灵的阴影，首先要有一种乐观积极、充满阳光的态度，因为缺失阳光般的心态是失败的最深根源；其次要付出实际的行动，只有这样，我们才能最终走向成功。

在地震灾害期间，许多人不幸地被埋在废墟下，面对可怕的绝境，他们本能的求生欲望和骨子里的坚强都得到了淋漓尽致的体现，虽然体内的能量不断在减少，但是，他们意志的大厦却从未倒塌，因为，他们有着一颗坚韧的心，使其生命力量不断爆发，最终等来了救援，远离了死神。在他们的内心，一直支持他们的正是一道驱走阴影的生命之光。

也只有这束光，能够为我们照亮远方的路；只有这束光，能够聚焦与成功相关的思想；只有这束光，能够让我们变得越来越富有；只有这束光，能够抹掉失败曾经给我们留下的阴影；只有这束光，能够让一切黑暗的东西彻底覆没……那么如何才能将这束光照进心灵的深处呢？

首先，我们要学会怎样与阴影共处，毫不犹豫地接纳它的所有，和阴影培养和谐共处的关系。所以，一旦发现心灵上的阴影部分，千万不可像霜打的茄子一样，不然，它就会大肆反弹。举个简单的例子，一个肥胖的人决心减肥，刚坚持了两个星期节食，却突然胡吃海喝，结果反而会更加肥胖。

其次，承认阴影的存在，认清它的真面目，明白自己的要害所在。例如，假如你对某个人或者某件事十分厌烦，那么，就该想清楚，是什么使你厌烦呢？是不喜欢那个人的人品，还是讨厌那件事触及到了自身利益？

再次，相信阴影也有礼物，一定要正确利用。或许大家意想不到，每个人身上的阴影都是带着礼物而来的。假如你发现自己是一个懒惰的人，就不妨让自己过得充实一点。阴影本身并没有错，一旦有了阴影，就要正确地运用它。

总之，不必害怕阴影，只要在心灵阴影处投入一束光，我们的言行就不会被其所左右，焦虑和不安也不会再占据我们的内心，我们也不会因遇到磨难或遭受不幸而悲观、失望，我们会勇敢前行，直达成功的彼岸！

　　在很多时候，阴影总爱跳出来扰乱我们的生活或工作。其实，阴影在发挥副作用的同时，也蕴藏着令人瞠目结舌的正面力量，我们完全可以将其破坏力量转化为一种创造力量。我们每一个人，都应该勇敢地打开心灵的那道枷锁，让激情和希望充满我们的内心。

保持谦逊

　　谦逊即是一种宁静的态度，它既不致使我们因为往日的失败而受到拖累，又不致使我们因今天的成功而飞扬跋扈。谦逊是情绪的调节器，使我们保持自我本色，保持平和的生活姿态。

　　巴甫洛夫说："一定不要骄傲。因为一骄傲，你们就会在应该同意的场合固执起来；因为一骄傲，你们就会拒绝别人的忠告和友谊的帮助；因为一骄傲，你们就会丧失客观方面的准则。"做人做到怎么样才算是到位呢？这并不是一个好回答的问题，也没有固定答案，但有一点可以确定的是，人应该保持谦逊，不能故作聪明，不要以为自己比别人总多一点智慧。谦逊的人，会更好地了解自己，给自己一个准确的定位。那些成功的人，都是谦逊的人。

　　托马斯·杰斐逊是美国第三任总统。1785 年，他曾担任美国驻法大使。有一天，他到法国外长的公寓拜访。

　　"您代替了富兰克林先生？"法国外长问。

　　"是接替他，没有谁可以代替得了富兰克林先生。"杰斐逊谦逊地回答说。

　　杰斐逊的谦逊给法国外长留下了深刻的印象。

　　在第二次世界大战中，丘吉尔因为有卓越功勋，战后在他退位时，英国国会打算通过提案塑造一尊他的铜像放在公园里供游人景仰。

　　一般人获得这样的殊荣，高兴还来不及，但丘吉尔却谢绝说："首先多谢大家的好意，但我怕鸟儿在我的铜像上拉粪，实在是太煞风景了！所以我看还是算了吧！"

　　19 世纪 60 年代，法国大文豪维克多·雨果收到了一封信。信是法朗士等一批法国文学青年写来的，他们决定创办一个文学刊物，想邀请雨果写一封回信作为该刊的序言。雨果几天后回了信，青年们打开一看，里面写着："年轻人：我是过去，你们是未来。我是一片树叶，你们是森林。我是一支蜡烛，你们是万道霞光。我只是一头牛，你们是朝拜耶稣的三博士。我只是一道小溪，你们是汪洋大海……"看了回信，他们简直不敢相信这是雨果写的。后经雨果女友朱丽叶特证实确是出自雨果之手，不过，他们担心这封信会有损雨果的名誉因而没有发表。

其实，这封信恰恰体现了雨果谦虚的品质，它对诗人的名誉不仅没有影响，反而从另一侧面反映了作家伟大和高尚的品质。

杰斐逊、丘吉尔、雨果三人堪称谦逊的典范，从他们的经历可知，谦逊并非自我贬低、自我否定，而是一种不显山不露水的自我肯定，相信自己为人的正直与尊严。谦逊是成功与失败的融合，它使我们对过去的失败有所警惕，对现在的成功有所感念。我们不能让成败支配自己。谦逊具有平衡作用，不让我们凌驾于别人之上，也不让自我状态劣于自己的实际水平。

正如高尔基所说："智慧是宝石，如果用谦逊镶边，就会更灿烂夺目。"谦逊标志着一个人的品性，它常常能让人们从一件不经意的小事上体会出一个人的伟大与渺小，以及他所具有的能量。

贝罗尼是法国19世纪的一名画家，有一次他到瑞士去度假，他背着画架到日内瓦湖边写生。旁边来了三位英国女游客，看了他的画后，便在一旁评头论足起来，一个说这儿不好，一个说那儿不好，贝罗尼都一一修改过来，末了还跟她们说了声谢谢。

第二天，贝罗尼有事情到另外一个地方去，在车站又看到那三位女游客，正在交头接耳不知道在讨论什么。过一会儿，那三个英国女游客看到了他，便朝他走过来："先生，我们听说大画家贝罗尼正在这儿度假，所以特地来拜访他，请问你知不知道他现在在什么地方？"贝罗尼朝她们微微弯腰，回答说："不敢当，我就是贝罗尼。"三位英国女游客大吃一惊，想起昨天的不礼貌，一个个红着脸跑掉了。

英国小说家詹姆斯·巴利说："生活，即是不断地学习谦逊。"一个人只有了解得越多，他才越会认识到自己知道得很少。这是一条人类认识发展的规律。浅薄的人总以为自己的知识是丰富的，而富有智慧的哲人却深感学海无涯，永远以学子自居。

有这样一个故事：

美国南北战争期间，北军格兰特将军和南军李将军率部交锋，经过一番激烈的血战后，南军被北军击败，溃不成军，李将军还被送到爱浦麦特城去受审，签订降约。

取得胜利后的格兰特将军却并没有因此而骄奢放肆、目中无人，因为他是一个胸襟开阔、头脑清晰的大人物，他绝不会做出这种丧失理智的行为来！

格兰特将军非常谦恭地说："李将军是值得我们敬佩的。他虽然战败，但他的态度仍然是十分镇定。像我这种矮个子，和他那六尺高的身材比较起来，真有些相形见绌，他仍是穿着全新的、完整的军服，腰间佩着政府奖赐他的名贵宝剑，而我却不过穿了一套普通士兵穿的服装，只是衣服上比士兵多了一条代表中将官衔的条纹而已。"

在称赞了李将军的态度之外，格兰特将军也没有轻视他的战绩。他认为自己的成功和李将军的失败，都是偶然的机会造成的。他说："我们之所以取得胜利是很凑巧的，当时敌方军队在弗吉尼亚，几乎天天遇到阴雨天气，害得他们不得不陷在泥淖中作战。相反，我们军队所到之处，几乎每天都是好天气，行军异常方便，而且有许多地方往往是在我军离开一两天后便下起雨来，这不是幸运是什么呢！"

须知，一个真正成功的人，别人对他取得的成绩往往非常清楚，根本不需要他自己自我吹嘘、自我炫耀。正如格兰特将军，他这一番谦虚的话听在别人耳朵里，远比自我炫耀、自吹自擂的效果好。只有那些对自己的成就不自信的人，才喜欢在别人面前吹嘘炫耀自己，以掩饰那些令人怀疑的地方。

曾经有人说："愈是不喜欢接受别人赞誉的人，愈是表示他知道自己的成功是微不足道的。"将一场来之不易、意义重大的大胜利，归功于天气和命运，这充分说明了格兰特将军内心的谦逊，始终没有被名利的欲念所埋没。

假如你经常会把一丁点儿的成就当作一桩十分了不起的事情，因而得意忘形，接受别人的夸赞，甚至自己捧自己，那你无疑是在欺骗自己，从此你将走上失败之路，因为你早已没有自知之明，盲人骑着瞎马乱闯又怎么会取得成功呢？

有一位政治家，非常喜欢打猎。有一天，政治家和一个牧场工头一起外出打猎。政治家看见前面来了一群野鸭，便追过去举起枪来，准备射击。但这时那个工头早已看见在那边树林中还躲着一只狮子，忙举手示意政治家不要动，政治家眼看野鸭快要到手，于是对那示意不予理睬。结果狮子在树林中听到了响声，便立刻跳了出来，窜到别处去了。等到政治家瞧见了，再赶紧把他的枪口移向狮子时，已经来不及了。

牧场工头立刻瞪着愤怒的眼睛，向他大发脾气，骂他是个傻瓜、冒失鬼，最后说："当我举手示意的时候，就是叫你不要动，你连这点意识都没有吗？"

让人非常惊讶的是，政治家对于那顿责骂，竟然选择了"逆来顺受"，并且以后也毫不怀疑地处处对他服从，就像小学生面对老师一样。因为他深知，他在打猎上确实不如对方，因此，应该听从对方的指教。

凡瑞迈可是美国杂货业大王，他说："年轻人平时最大的错误，就是对于任何事自己都先有了一种成见，当他们向别人请教的时候，心里并没有存着探索真理或搜求有识者经验的目的。他们无非是希望对方对他的意见大加褒奖一番，假如对方否定了他，他往往不区别事情曲直，只是大失所望，最后还是按照自己的意思去做。"

一个人即使在某一方面取得了傲人的成就，但在其他方面甚至本专业方面仍然有许多需要学习的东西，要想获得更多的知识，你就需要向人请教。当然，我们向人求教的时候，千万不要被一种成见所蒙蔽，以为自己平日对于某人的印象极佳，那人说出来的话，便一定没有错，这就是不理智的行为。实际上，你应该先知道那人对于你所问的事情懂不懂、有没有经验才是。

其实，求教于人只是要寻出一个正确的结论来。在求教于人时，有一件非常重要的事是需要你去做的，就是当对方发表了意见后，必须立即做出判断——接受或是拒绝。假如觉得有什么地方让自己不满意，放在心里即可，不必说出口。而做到这一切，都必须保持谦逊。

　　我们为什么要谦虚？不谦虚不行吗？当然不行！因为"满招损，谦受益"是亘古不变的道理。例如，太阳如日中天时就要西斜，月亮光洁如盘时就要残缺；花儿开得最艳丽的时候就会开始凋谢……而在现实生活中，谦虚、谦恭、谦让的人总会受到大家的欢迎。当然，谦逊不等于谦卑，它需要时间来培育，但这是值得的，因为它是快乐的源泉。

别让你的心太累

在忙碌的生活之余，我们要注意让自己的身心适当地休息，别让自己的心太累，这样才能拥有幸福和快乐。

随着生活节奏的加快，现代人总是在不停地忙碌着、不停地奔波着，就好像成了工作和生活的机器一样，似乎从来不会自己闲下来，更不会去刻意放松一下自己的身心。然而，在这种忙碌的生活和工作中，人们会在不知不觉中感到自己的身心越来越疲惫、越来越不快乐，总是感到每天都有太多的事情需要自己去做，每天的时间总是显得不够用。长此以往，内心就会产生很重的压抑感。

的确，如果事情繁多，想获得彻底的放松不是一件容易的事。但是，假如我们一直让自己的心活在一种累的状态里，无法自拔，那么，我们的体内就会逐渐集聚起很多的毒素，因为过于紧张，过于忙碌，很容易让人的情绪焦虑不安。与此对应，我们的身体状况也会出现问题，例如头疼、食欲不振、抑郁等。

其实，生活和工作并非不可以慢慢来做，千万不要刻意给自己制造太大的压力，忙碌之中更要注意适当的休息，让自己的心跳慢下来，否则，我们就很难拥有快乐和幸福。

有一天，一位非常有名的企业家来到医院进行身体检查。完毕后，医生最后叮嘱他一定要多休息，多放松自己的心情。然而，企业家却十分懊恼地说："我每天承担大量的工作，不会有人替我分担。医生，您知道吗？我满脑子都是工作……我天天都必须提着一个装满工作文件、非常沉重的手提包回家……你觉得，在这种情况下，我怎么去放松心情呢？"

医生十分吃惊地说："你的工作为何那么多？为什么晚上还要批示文件呢？"

企业家显得痛苦不已，说："那些都是必须由我亲自处理的急件。"

医生又继续问："难道你的公司只有你一个人吗？你没有助手吗？"

医生的话，让企业家更加愤怒不安，他怒斥道："他们怎么可能做得了！只有我自己才能正确地批示呀！并且，假如我处理不完，公司在第二天就会有很多麻烦，可能根本没有办法运营。"

医生听完企业家的抱怨后说："这样吧，现在我开一个处方给你，你不妨从今天起试一试吧。那就是——不管你有多么的忙，每个星期你必须抽半天时间到墓地一次，而散步一次必须是两个小时。"

企业家惊讶地问医生："去墓地？你这是让我去干什么呢？"

医生微笑着说："因为我非常希望你可以四处走一走、看一看。尤其是那些与世长辞的人的墓碑。然后，你不妨想一下，他们——那些躺在墓地里的人，活着的时候可能与你一样，认为全世界的事都得自己一个人扛，然而，他们现在要在这里长眠了，你或许有一天也会加入他们的行列，但是，地球永远不会因为这些而停止转动。而其他在世的人们，仍是如你一样继续工作着。所以，我希望你站在墓碑前，对你目前的现实问题好好地思考一下。"

企业家听完这番话，突然愣住了。回到家以后，他依照医生的指示，开始将自己的一部分工作转交给别人，放慢生活的步调。从而，他开始调和自己的内心，不再急躁，不再焦虑，渐渐地，他发现自己比以前活得更好，而事业方面也没有被落下。

后来，这位企业家每个星期都会和朋友一起去打高尔夫、爬山，心态变得越来越年轻。

曾经有一家专门的医疗机构，他们经过调查后发现：人们有时会经常性的精神紧张，主要原因是，内心缺乏一种自身的定力，没有形成放松身心的习惯，所以，就习惯性地将注意力放在"下一步我该怎么做"的问题上。

在现代职场上，尤其是一些白领，他们好像真的没有休息的时间，一直绷紧着工作的那根弦，保持着情绪的高度紧张，就算是下了班，在家里也不是陪家人喝茶、聊天，而是立即打开电视看新闻，或者用电话安排第二天的工作……好像一分钟浪费了过去，他们的生命即刻就会停止一样。

其实，我们在忙碌之中，一定要学会放松自己的身心，这样才不至于让自己活得太累，才能拥有快乐而又精彩的人生。那么，怎样才能放松身心呢？建议不妨试试下面两种方法。

第一种方法是逐步放松，具体练习方法是：选择一个舒适的地方躺下来，自己练习深呼吸，有意识地将新鲜的空气吸进体内，然后，慢慢地吐出去，让紧张的身心舒缓下来。接下来，将自己的精力集中在身上的每一个部位，从脚趾依次到头顶。在进行部位关注的时候，一定要做到完全的放松，直到该部位的肌肉彻底放松为止。然后，再做一次，方向与上一次相反，是从头顶到脚趾。

第二种方法是时紧时松，具体练习方法是：选择一个安静的地方，独处半个小时。可以播放轻音乐，空气里也可以加一点香气。让自己坐在一把舒服的椅子里，或者坐在地上，或者坐在床上，然后从脚开始，放松身上的每一组肌肉。放松时，先吸气，呼气的同时逐步地绷紧、放松双脚，"绷紧—放松—绷紧"的动作共重复3次。然后是小腿、大腿、腹部、臀部、胸部、双胳膊、双手、脖子、双肩、面部、头部，依次做完每一个部位以后，开始体会放松之后的那种感觉，并且，将这种感觉记在心里。

在我们感到压力很大、活得很累的时候，真的不妨试试给自己的身心松松绑，只有这样，我们才能从中得到解脱，让生活被快乐所充实。例如，下班回家后，与心爱的人坐在一起，看看电视，聊聊家常；在周末和节假日的时候，喊上几个闺密，一起去商场购物、去健身馆健身……总而言之，在忙碌之余，一定要让自己的神经松弛一下，别让你的心太累。

自信才是最美的

自信，不仅可以使我们抛弃消极的情绪，而且还能让我们从失败中看到希望。假如一个人没有了自信，那他就是最可悲的人，可悲到无药可救。

有一位得道高僧，他收养了一个被父母抛弃的孤儿，但那个孩子对自己的身世不能释怀，因而一直没有自信。

有一天，把高僧孤儿叫到跟前，交给他一块陋石说："你将这块石头拿到集市上去，但是，无论出现怎样的情况，不管谁买，你都不要卖。"

这个孤儿就按照高僧的吩咐，带着石头来到了集市，第一天、第二天果然没有人前来过问，到了第三天，有了一个人来问。到了第四天，别人开出的价格已经高得让孤儿咋舌了，孤儿赶紧回去请示高僧，问要不要将石头售出。

高僧听后，却像意料之中一样，又对孤儿说："你把石头拿到石器交易市场去卖。"果然，在第一天和第二天，没有人过问，而到了第三天，有人就围拢过来，在接下来的几天里，石头的价格已经很高了。

高僧仍然无动于衷，又对孤儿说："你再把石头拿到珠宝市场去卖……"结果，价格开始了新一轮的飙升，最终，这块石头的价格竟然超过了珠宝的价格。

其实，我们每个人的身体里都有一股自信，高僧之所以那样告诉孤儿，实际上就是旨在挖掘他的自信。这个故事告诉我们：假如一个人认定自己是块很不起眼的陋石，那么，他将永远都只是一块陋石；与之相反，假如一个人认为自己是一块无价的宝石，那么，他总有一天会成为一块无价的宝石。而之所以会有这两种差别，是因为自信对于每一个人都有着重要的影响力，甚至会使结果变得神奇；如果我们没有了自信，那我们就是最可悲的，甚至是无药可救的。

一个人拥有自信才是最美的，因为自信是支撑一个人活下去的力量，是治愈创伤的一剂良药。但是，在现实生活中，总是有一些人抱着一种虚荣的心态活在这个世界上，一遇到困难，就会丧失自信和斗志，不去检讨自己的失败，反而对周围的一切抱怨不已。要知道，自信是完全可以成就一个人的。例如，假如霍金没有自信，那么也许他早就自己结束了自己的生命。只有那些坚持自己的信念，按照计划行事，并有信心完成的人，才更容易获得成功。

　　有一位保险公司的经理，他对手下的业务员提出了这样的要求：每个人在每天早上出门工作之前，必须先照着镜子花费五分钟的时间看着自己说："你是最棒的保险业务员，今天你就要证明这一点，明天也是这样的，以后更是这样的。"

　　后来，经过一段时间之后，每个业务员的爱人，在自己的爱人出门去工作之前，都会主动告诉他们："亲爱的，你是最棒的！今天你就会通过自己的行动来证明这一点。"

　　从某种程度上来讲，我们活着，就是为自信而生的，也是因为自信而美丽的，一旦我们失去了这种自信心，那么，我们的人生就会像失去了根一样四处飘零。

　　再看那些成功的人士，哪一个是没有自信心的呢？如果我们没有了自信，那么，成功就会变得无望。因此，我们必须建立自信、远离自卑，更好地正视我们自己。在遇到困难时，不妨轻轻地告诉我们自己，命运应该握在自己手里，任何苦难都不足以击垮我们，而只会让我们变得更加坚强。这样，我们才能看到成功的希望，才能激发出蕴藏在身体里的那种潜能，才能最终实现自己的梦想。

　　当然，有自信也只意味着我们成功了一半，并不是全部，而凡是自信满满的人，也都是凭借着自己的辛勤努力，去实现自己的理想，实现自己的目标。而那些自卑的人则凭借着一种侥幸的心理，没有自信，没有努力，又怎能轻易获得成功呢？

　　总之，不管在什么时间什么地点，也不管遇到了怎样的艰难险阻，我们都要一直相信自己，充满信心地奔向远方。这样用不了多久，我们就会以一种美丽的姿态站在成功的巅峰之上。

在人生的道路上，每一个人都会遇到挫折和坎坷，这是在所难免的。重要的是，当我们遇到坎坷时，既不要抱怨他人无情，也不要抱怨上天不公，因为，困难和挫折是对我们自信心的一种考验。虽然我们都是一个个平凡的人，但是，只要心中有自信，我们就不会被世间的功名利禄所累，就会以一颗感恩的心勇敢地面对生活，拥抱生活，进而创造出美好的明天。

理性地认识自己

　　在现实生活中，我们所获得的荣誉是人们对于我们有益工作的奖赏，是我们应该得到的肯定，但是尽管如此，我们也必须理性地认清自己，不能因此而将自己看成是不同于一般的人。

　　对于许多成功者来说，他们通常都有一种积极的心态，这种积极的心态就是归零心态。

　　什么是归零心态呢？就是不管你现在是底层员工，还是公司老板，永远把自己摆在一个很低的位置上，一切从零开始，永远对自己的现状保持不满，不断进步。

　　查尔斯是美国西部一所著名商学院的毕业生，而且是学院里的优等生。然而，在工作实践中，他的表现却不怎么尽如人意，首先，他的工作让他十分郁闷。他觉得，自己所从事的工作和当初的想象存在很大的差别，这不是他希望的工作，他渴望改变。

　　于是，他找到总经理，递上了自己的辞职报告，沉重地说："经理，我认为这份工作和我当初的想法有些差距，这不是我希望的工作，我想辞职。"

　　"哦？你当初怎么想的，现在又是在做些什么呢？"总经理说。

　　"我认为我的能力完全应该承担更大的责任，而不仅仅是这些琐碎的日常工作。"查尔斯说。

　　"嗯，不错，小伙子。你有远大的志向，但是你难道没有发现自己的不足吗？我来告诉你，昨天你给我的市场研究报告，总共有12处错误，而且大多数错误都是致命的。你知道这些错误是什么吗？"总经理问查尔斯。

　　"怎么可能？那可是我费了很大力气完成的！"查尔斯说。

总经理正色道："查尔斯，你现在的错误，我可以帮助你来修改，但假如我犯错误的话，就会直接给公司造成损失。一个人假如连手头的小事情都做不好，又怎么能去承担更大的责任？你知道咱俩换换职位会有什么结果吗？查尔斯，你的想法我明白。你在大学校园里是一个风光无限、令人羡慕的高才生，但到了这里，你就是一个新兵，一个普普通通的员工，你的能力必须经过实践的检验。初入职场，来到一个新的环境，你就需要有新的心态，首先要做的就是忘掉你在校园里的表现，无论优秀或糟糕的。将心态归零，这是你顺利工作的第一步。你的辞职报告我可以暂时替你保管，假如你在明天上午之前，还没有改变想法的话，我会答应你的要求。"

看到经理改过的自己做的市场研究报告后，查尔斯惭愧地说："经理，对不起。我想我应该收回我的辞职报告。"

如今，许多像查尔斯这样，在大学里有口皆碑的好学生，但是步入社会后却吃不开，甚至连工作也找不到。这是因为这些人毕业后没有放低自己的姿态，没有将自己的心态"归零"，不能或不愿接受从底层认认真真做事情的发展方式，总是以为自己受到重用是应该的，可事实上他们的能力还远远不够。

假如你也遇到了类似的问题，先不要忙着抱怨你的老板看不到你的才能，而要先将自己的心态归零，从小事做起，总会有一天，你的老板会发现你既有才华又值得信赖，然后委你以重任。

很多老员工，他们为公司打拼了很多年，帮助企业取得了发展，有的人甚至还是企业的"开国元老"。但是企业发展好了，这些人反倒开始安于现状，抱着"吃老本"的心态开始在公司混日子，稍有不如意，就以一副老资格的姿态乱发脾气，无形中增加了企业管理上的难度，变相增加了管理成本。结果企业非但没有越来越好，反而越来越差。还有一些职场精英，有着多年的从业经验，个人能力和工作业绩也非常突出，并且拥有良好的业界口碑，然而当他们被其他企业挖走之后，却由于对新环境不适应而导致"临场"发挥失常，最后抱憾离去，出现这种问题是因为他们对自己的过去过于看中，以致把过去变成了包袱。他们没有很好地认识自己，所以只能取得暂时的成功，而不能让自己从优秀走向卓越，也无法将小的成功变成大的成功。

一个成功的人，永远能看到自己的不足之处，因而能够在不远的将来"更上一层楼"。

在这个世界上，年轻人总是在探索解决新问题的方法。他们热心于试验，欢迎新鲜事物。他们不安于现状，朝气蓬勃，从不满足。老年人总是怕变化，他们知道自己什么最拿手，宁愿把过去的成功之道如法炮制，也不冒失败的风险。

毕加索是西班牙一名伟大的画家。然而，他在90岁高龄时，仍然像年轻人一样生活着。不安于现状，不断寻找新的思路和新的艺术手法来表现他的艺术作品。每每他拿起画笔开始画一幅新的画时，对世界上的事物好像还是第一次看到一样。

而大多数画家，在创造了一种适合于自己的绘画风格后，就不再去改变或不愿再去改变，尤其是当他们的作品受到人们的欣赏时。随着艺术家年龄的增长，他们的绘画虽然也存在变化，但是变化不会很大了。而毕加索却像一位终生没有找到他的特殊艺术风格的画家，苦思冥想地寻找完美的手法来表达自己不甘于平静的心灵。

毕加索作画，除了用眼睛之外，更用思想。他的画，有的色彩丰富、柔和、十分美丽，有的用黑色勾画出鲜明的轮廓，显得难看、凶狠、古怪，但是这些画对我们的想象力有着很大的启发作用，使我们对世界的看法更深刻。面对这些画，我们不禁要问，毕加索看到了什么才能画出这样的画来？我们不禁开始观察和思索这些画的背后所隐藏的东西。

在他的一生中，创作了成千上万种不同风格的画，有时他画事物的本来面貌，有时他好像把所画的事物掰成一块块的，并把碎片扔在你的脸上。他渴望一种权力，不仅要表现出眼睛所能看到的东西，而且要表现出人们的思想所感受到的东西。他一生始终抱着对世界非常好奇的心情，就像年轻时一样。

如果你喜欢欣赏画，不妨找些毕加索的画册，看看从他的画中你能得到什么启示。

果戈理是俄国现实主义文学的奠基人，以写作勤奋著称。他坚持每天练习写作，他说："一个作家，应该像画家一样，经常随身带着笔和纸张。一位画家如果虚度了一天，没有画成一张画稿，那是很不好的。一个作家，假如虚度了一天，没有记下一条思想也不好……必须每天写作。如果一天没有写，怎么办呢？没关系，把笔拿起来，写上'今天不知为什么我没写'，把这句话一遍一遍地写下去，等你写到厌烦了，你就要写作了。"

正是因为具备了这种不肯虚度光阴、积极进取的精神，果戈理才完成了一部部传世之作，成了世界上伟大的文学家。

爱因斯坦是20世纪最重要的物理学家之一。有一次，在一场专门为他举办的宴会上，有人对他说了一大堆赞美的话，他说："如果我相信你们说的好话都是真的，那我就是一个疯子。正因为我不是疯子，所以才不相信。"

谈及在科学上的贡献，爱因斯坦可以称得上是举世无双的。1905年的三篇论文，每一篇都应得到一份诺贝尔奖金，更不用说广义相对论，而且这些成果都毫无异议是他独立完成的。可是爱因斯坦却说："狭义相对论的起源要归功于麦克斯韦电磁方程……"

取得的成绩越大，受到的称誉越多，他越感到无知，他把自己所学的知识比作一个圆，圆越大，它与外界空白的接触面也就越大。科学无止境，奋斗无止境，人类社会就是在不满足已有的成功中不断进步的。

他说："假如有谁自己标榜为真理和知识的裁判官，他就会被神的笑声所覆灭。"一个人，即使已经取得了很大的成功，但也决不能自满，因为过去的荣耀并不能代表未来。

他接受了普林斯顿大学的聘书后，第一天被带去看自己的办公室时，行政助理问他需要什么设备。

他回答："一张桌子、一把椅子、纸和粉笔。哦！对了，还要一个大的纸篓，越大越好，因为这样我才能把我所有的错误丢进去。"

自卑、忧虑不足取，但高傲、自大更是缺乏理性，文明社会更愿意接受具有平常心性的人。毕加索、果戈里、爱因斯坦等成功者，都是生命不息、奋斗不止的进取者。假如他们浅尝辄止，或对自己已经取得的成绩沾沾自喜、裹足不前，那么他们就不会取得最终的成就，也不会给世人留下如此深刻的印象。所以，要实现人生的真正价值，必须理性地认识自己，不断地奋斗和进取，迈向更高的山峰，取得更大的成就。

以一种平和的心态理性地认清自己，我们才能更好地前进，不断创下新高，取得更大的成功。尤其是心态的每次归零，都是一个自我完善的过程，都是一个自我提高的机会。

那么，怎样做到平和心态呢？其实非常简单，将每一天都当作一个新的开始，放低自己的姿态，坚持不懈地改善。永远不要去想你已经有哪些优点，也不要去想别人有哪些缺点，而应该去想自己还有哪些不足，应该将眼光盯紧你下一阶段的更大的目标。

幸福总在下一个路口

　　　　错过就错过。错过并不等于失去，错过并不一定是遗憾，有时甚至可能是圆满。

　　在生命前行的过程中，我们常常因为粗心或其他原因而失去一些极其美好、极其珍贵的东西，留下无可弥补的遗憾。而在以后的生活中，这些遗憾往往会变成一把锋利的刀子，一刀一刀地在我们心上剜出血来。因此有人说：所有世间的好事物中，都暗藏着一些遗憾，错过是最深刻的痛苦，多少愁思，多少无奈。

　　然而，跋涉在漫长的生命旅途中，由于人们的视野、时间和精力有限，谁也不可能将一路的美景尽收眼底，不留一丝遗憾，甚至大多数的时候人们常常错过它们。反之，假如不肯错过一些景色，为此殚精竭虑，费尽心机，那么身心很可能因此而疲惫不堪，甚至错过前方更美丽的景色。

　　有一位热爱旅行的人，他听说远方有一个地方的景色非常美丽，于是决定不惜一切代价也要找到那个地方，一览秀色。经历了数年的跋山涉水、千辛万苦后，他的盘缠已经用光，身心已相当疲惫，但他依然没有到达目的地。

　　这时，他遇到了一位智者，智者告诉他说："美丽的地方很多很多，没有必要非要去那个地方不可。"并给他指了一条岔路。旅行者听从了智者的话，走向了岔路，不久他就看到了许多异常美丽的景色。他赞不绝口，流连忘返，庆幸自己没有一味执着地去追寻最初以为美丽的地方。

　　生活在错综复杂、变幻无常的现代社会中，我们每个人都会有各种各样的错过，这是不可避免的。例如，错过了初升的朝阳和绚烂的晚霞，错过了青春年少的创业资本，错过了一段美好的感情，错过了……的确，错过是一种让人伤感的遗憾，但是，错过能让我们看清自己，认清方向，更有利于我们拓展生命宽度、成就人生高峰。

要知道，成败得失是人生常有的。古语说："失之东隅，收之桑榆。"又说："塞翁失马，焉知非福。"西方也有这样一句谚语："上帝在关上一扇门的同时，也打开了另一扇窗户。"错过的已经不可再挽回，又何必纠结呢？也许得到它并不是最明智的选择。而且，有时候错过反而会有意外的收获，遇见别样的美丽。

有这样一个故事：

有一次，美国著名的哈佛大学要在中国选一名德才兼备的学生，这名学生的所有费用由美国政府全额负担。初试结束后，一共有30名学生成为候选人。在面试那天，30名学生及其家长云集在一家饭店等待面试。

当主考官劳伦斯·金走进饭店大厅时，所有人全都围了上去，迫不及待地作起了自我介绍。一名学生由于起身晚了一步，没来得及围上去，等他想接近主考官时，主考官的周围已经是水泄不通了，根本没有插空而入的可能。"唉，真遗憾，我就这样错过了接近主考官的大好机会。"该学生后悔不已。正在这时，他看见一个异国女人有些孤独地站在大厅的角落，好像是遇到了什么麻烦，于是他走过去，用流利的英语礼貌地问道："夫人，请问我有什么能帮到您的吗？"接下来，两个人聊得非常投机。

所有人都没有想到，这名学生居然被劳伦斯·金选中了。他很疑惑："在30名候选人中，我的成绩不是最好的，而且我错过了跟主考官直面交流的最佳机会，怎么会是我呢？"直到再一次见到主考官劳伦斯·金，谜底才揭开：原来那位异国女子是劳伦斯·金的夫人。

可见，错过并不意味着失去，错过也并不等于是遗憾，有时反而可能以另一种方法获得圆满。

还有这样一则故事，说是一位大学教授，退休后没有像意料的那样被学校返聘，无奈之下，他回到了乡下，开始了田园生活，平时种种菜、养养鸡，闲暇时就去田间享受最自然的风光。结果，他虽然错过了城市里亮丽多彩、有滋有味的生活，但却在乡下体验到了农家的快乐，感受到了"采菊东篱下，悠然见南山"的诗意和自由，因此，他每天都过得格外开心，反而庆幸学校没有返聘他。

的确，当你错过了进剧院的时间，你也许会懊悔，但假如因此你买到了久访不得的书籍时，你还会怨恨这次的"错过"吗？当你在上班高峰错过了一辆公交车，但在公交站牌处，你遇到了多年不见的好友时，你还会叹息这次的"错过"吗？再看自然界，昙花选择在黑夜中释放它的光芒，虽然错过了与白天的相聚时光，但也因而有了黑夜里蓦然出现的一方娇艳；梅花选择在凛冽的寒风中开放，虽然错过了与春天的温馨约会，但却因而有了冰天雪地里那一株灿然开放的孤傲身影……"错过"编织了我们人生的经纬网，见证着我们斑斓多彩的生活，难道不是吗？

总之，错过需要勇气，也需要智慧。懂得错过，是一种选择，也是一种领悟，更是一种体会。

错过的幸福的确让人感到遗憾，但却不必因为错过而愧惜，而不妨大气地接受这种遗憾，经过思索后，把它看成一种警戒，一种提醒。然后，凭着自己对未来的希望和憧憬，寻找下一个目标，奋力前行，增加生命的深度，进而获得别样的幸福。

心情转弯，才会找到快乐

> 在人生路上出现不称心、不如意的事情的时候，如果你抱着一种乐观而又自信的心态，那么你的命运就会随着你的好心情而出现一百八十度的大转弯。

在现实生活中，每一个智力正常的人，当他们走到十字路口处，发现前面拥挤不堪的时候，他们都知道适当地转个弯。然而，当人生路上不称心、不如意的事情出现的时候，很多人却并不懂得适时让自己的心情转个弯，因此，他们只能看到事情阴暗、不好的一面，而看不到其光亮、美好的一面，自然也就失去了许多快乐。

只有心情转弯，我们才能寻找到快乐。面对逆境，你抱持乐观而又自信的心态，那么你的命运就会随着你的好心情而一百八十度大转弯。反之，假如你抱持伤感而又自卑的心态，那么你的命运就会因为你的坏心情而"泥足深陷"。

杰弗森担任某公司的经理一职，他每天的心情都非常开朗。每当有人问及他的近况时，他总是这样回答："我非常快乐。"

假如他的同事遇到了烦心事，他就会告诉对方应积极地看待事情好的一面，并且，他还将自己的深切体会告诉大家："每天早晨醒来，我做的第一件事就是对自己说：'杰弗森，选择心情好还是选择心情坏，由你自己来决定。'于是我每天都会选择心情愉快。如果哪天发生了糟糕的事情，我总是选择'要从中学些东西'，而不在乎得失。其实人生的选择也是如此，由你自己选择怎样去面对挫折和困难。毕竟，选择怎样面对人生的人是我们自己。"

有一次，杰弗森忘记了关住宅后门，被三个持枪的歹徒拦住了，当时的情况非常危险，最终失去了理智的歹徒竟然朝他开了枪。

值得庆幸的是，由于发现及时，杰弗森被送进了急救室。经过 18 个小时的抢救和几个星期的精心治疗，他出院了，在他的身体里，还留下了少量的弹片。

半年时间过去了，有位朋友见到了杰弗森，打听他的身体情况，他说："我过得非常好。要不要看一下我的伤疤？"

那位朋友于是看了下杰弗森身上留下的伤疤，然后问："当时你想了些什么呢？"

杰弗森回答道："当时，我被子弹击倒在了地上，我对自己说有两个选择：一是死，一是生。最终，我选择了生。当急救人员将我推进手术室以后，我从他们的眼神中读出我确实有生命危险，于是我决定需要采取一些行动。"

朋友接着问道："你采取了什么行动呢？"

杰弗森回答："当时，有一个女护士大声问我是否对什么药物过敏时，我立即回答——有的！当时，病房里所有医生和护士都等着我后面的话，我深深地吸了一口气，大声吼道：'子弹！请你们将我当成活人来医治，而不是一个即将死去的人。'"

听完杰弗森的回答后，这位朋友终于明白了他最终活下来的原因了。

杰弗森的故事说明了这样一则哲理：当你认为生活是美好的时候，生活就会以一种美好的姿态呈现在你面前；当你认为生活是暗淡的时候，生活就会用一种冰冷的目光看着你。说到底，命运其实是一种选择，如果选择积极地看待眼前的所有事实，一切将会变得具有生机和活力，自然也会很快找到快乐。而如果选择消极地看待发生的一切，一切将会变得暗淡无光，又有什么快乐可言呢？

如此看来，我们想获得快乐其实并不困难，只须心情稍转一个小小的弯度，有时就会立见成效。不得不说，一念之间，一种心态的选择就会让自己命运表现出截然不同的结果，只要我们多想想生活中灿烂的一面，人生一定会是充满阳光的。反之，假如总是和美好的东西"势不两立"，那么你的人生一定是遍布阴影的。

可以说，生活中的快乐随处可见，但需要我们每个人积极主动地去寻找，而操作和经营的熟练度直接决定着我们最终快乐的程度。其实，人生就像一枚硬币一样，有其正面和反面，我们只要学会朝向正面，就能拥有光明、自信和快乐，这就需要我们打理好自己的心情。心情好，才能感受到快乐；心情不好，即使身边有再多的快乐，那人也无法感受到。

在很久以前，有位寺院住持给寺院众僧立下了一条特别的规矩：每逢一年年末的时候，寺院里的每个和尚都要面对住持说自己最想说的两个字。

第一年年末，住持问一个新入寺的和尚最想说哪两个字，新和尚说："床硬。"

第二年年末，住持又问那个新和尚最想说哪两个字，新和尚回答说："食糙。"

第三年年末，新和尚不等住持发问，便说出"告辞"两个字，然后背包袱下山了。

望着新和尚的背影，住持无奈地摇摇头说："心中有魔，怎么能修成正果呢？善哉！善哉！"

故事中的新和尚之所以一味地抱怨，正是因为他选择了自己人生的反面，对生活总持有一种消极的心态。最终，这些无端的抱怨让他离所谓的"正果"越来越远。

要想最终取得成功，就要选择转换自己的心情，让快乐永远被自己掌握和主宰！假如选择人生的反面，你的一生注定会像故事中的新和尚一样，被郁郁寡欢所包围，最终只能选择逃避，而难逃失败的宿命。反之，假如你选择了人生的正面，并且充满自信，非常乐观，从没有双眉紧锁、唉声叹气的时候，那么你迟早会收获成功。

在现实生活中，无论是喜欢抱怨的人，还是爱发牢骚的人，其根源就在于他们抱持的心态不佳，并且站在了错误的角度去看待每一个问题，假如让心情转个弯，重新变换一下角度，相信定会一下子豁然开朗，重获快乐。真的，那些肚子里装满牢骚和抱怨的人，不妨让自己的心情转个弯，由自己来主宰乐观，这样一来，心情自然就会恢复淡然、沉静，快乐自然也会前来叩响你的心房之窗。

平淡才是生活的佳境

平淡就是参透、看淡生活中的名利，不被那些不切实际的欲望所左右，不是平庸，而是一种平和的心态，所有的一切都在平淡之中变得真切。

如果把生活比作一杯茶的话，那么平淡的生活虽然表面无味，但只要经过精心地浸泡、仔细地品尝，你不难体味到它的独特芳香。有时，你可能感到它很乏味，但那不是茶的味道不够香，而是因为你的品茶功夫还不到位。生活中，大多数人渴望过一种宁静、平淡的日子，而只有那些想达到自己不可告人的目的的人，才愿意自己的生活波澜四起、起伏跌宕。

当然，追求平淡的生活，并不意味着什么也不做，而是凡事顺其自然。人生的得到与失去只在弹指一挥间。须知，一切外界的繁华背后，都是无法言出的寂寞；一切外界的丰富身边，无不隐藏着精神的枯竭。人与人之间可以"一笑泯恩仇"，得志时不骄傲，失意时不气馁。我们的手里有明媚的春光，脚下有金色的沙滩，头上有蔚蓝的天空，心中有壮阔的海洋，让我们远离喧嚣，靠近自然，用一颗平常心闲看风起云涌、日升日落。

平平淡淡才是真，才是我们生活的最后归宿。正如罗素所说："人生当如河流，初期狭窄，与两岸挟持间奔腾而下，继而河岸渐宽，河水渐缓，最终悄然流入大海。"人生一世，即使能够轰轰烈烈，也不会持久。而对于那些人生没有经历大风大浪的人来说，何不安于平平淡淡的生活呢？因为，在平淡的生活中，快乐充实就是精彩的人生。

我们的生活不是小说，也不是电影，不需要如何曲折的情节，不需要如何耀眼的灯光，也不需要如何动听的美言佳句。我们的生活是一丝细流，虽有波澜微微起伏，但更多的是安详宁静，在无声无息中不断地更新，渐渐地醇厚。平淡的家庭生活才是一个人最大的乐趣，而平淡的人生才是真正的人间温情。

有一对平凡的老夫妻，每天清晨都会手牵着手到公园散步，老人的恩爱总是让一旁的年轻人既羡慕又惊诧，人们都认为这对老夫妻一定是共同经历过轰轰烈烈的大事，所以才能相濡以沫地走到今天，但是那位妻子却否认了这一点，反而解释说：他们的一生都过得非常平淡。她的丈夫年轻时是个军人，她没有因为他的升迁而兴奋轻狂，因为她明白这是丈夫努力的结果。后来，丈夫结束了 26 年的军旅生涯，选择了转业，于是夫妻二人回到故乡在事业单位做了普通的职员。在人生的转折点上，夫妻二人没有一句怨言，淡然平和地走上了新的工作岗位。

妻子还说，自己之所以能够安于平淡的生活，是因为童年受到的教育。小时候，她的母亲非常慈爱，与父亲也十分恩爱，对爷爷奶奶更是非常孝敬。他的父亲对她更是疼爱有加，从来不会对她吹胡子瞪眼睛，还常常给她讲故事。父母都勤劳善良、热情诚恳，家庭和睦、欢乐温馨，这美好幸福的童年、良好的家庭氛围对她的婚姻产生了非常大的影响，她像所有母亲一样爱着自己的孩子，像所有爱丈夫的妻子一样爱着自己的爱人，对公婆也十分孝敬尊重。一代代人就这样在平淡的生活中承载、传承着美德，这种平淡的生活其实就是芸芸众生所追求的幸福生活。

妻子感慨地说："平平淡淡才是真。通过和丈夫几十年的婚姻生活，我对生活中的一切早已看淡了，明白了知足常乐的道理。精神上的知足需要自己去调节，物质上的知足是家庭幸福的前提。金钱买不到快乐、青春、健康与经验，而这些才是人生最宝贵的，我从不苛求爱人大富大贵、飞黄腾达，只要努力了就是我心中的好男人。对子女也一样，只要他们付出了努力，无论取得什么样的成绩我都能够欣然接受。我喜欢平淡的生活，也一直追求平淡的生活，只为让自己的心灵宁静下来……"

俗话说："平平淡淡才是真，安安乐乐才是福。"在经历了激情、幻想、浪漫之后，每一个人都会认真地思考感受"平平淡淡才是真"这一生活哲理。时间总会冲淡我们的记忆，而将最好的东西沉淀在我们心里。在大家都为工作、家庭而奔波忙碌的时候，当年的热情早已不复存在，昔日的友情依然纯洁，当年的面孔更加成熟靓丽，只是这些青春的影子都已经留在了心底，美好的回忆都留在了心间。相聚时固然有短暂的感动与激动，但过后依然是平淡的生活。

面对生活中的繁华与诱惑，以平淡的态度对之，让自己的灵魂安然入梦。乐于平淡的人，不仅自己过得轻松，也会给他人一种犹如湖泊般宁静的感觉。无论任何事情，我们只需尽力而为便好，而不必过于计较结果。平平淡淡，会有一片豁达的天空。人生一世，无论孤独，无论喧闹，都如门前流水般自然，从来处来，到去处去。明白了平平淡淡、从从容容的道理，自然会消除许多不必要的烦恼，就会过得潇洒快乐，就能让自己的人生充实起来。

我们活在这个世上，应该把平淡作为目标，安心于工作与生活，以平淡的态度对待名利，用平淡的心态书写人生的故事。须知，平淡的生活就像一杯白开水，看似无味，实则甘甜无比；而过于浪漫和激情的生活就像一杯碳酸饮料，总有喝腻的一天。这一点，只要我们深入生活，是不难品味出的。

不管我们是什么样的人，都要在生活中找到自己的准确定位。珍视生命，爱惜生命，热爱生命。不管晴空万里，还是阴霾笼罩，我们都要从容淡定地坦然面对，过好生命的每一分每一秒！

什么是幸福？幸福是平淡生活中的真心相待；幸福是你渴了的时候，有人给你递过一杯水；幸福是你冷了的时候，有人给你披上的一件外套；幸福是你难过的时候，有人给你安慰，给你依靠，为你落泪；幸福是你取得成就的时候，有人为你喝彩，为你鼓掌；幸福是你下班的时候，饭桌上已摆好热气腾腾的饭菜……生命中的繁华如过眼云烟，能沉淀留存的是内心深处那种甘于平淡的心态。

卸掉包袱，轻松上路

在人生的旅途中，只有抛下那些沉重的包袱，才能获得身心的轻松，并欣赏到那些美丽的风景。

我们行走在人生的旅途上，就像爬山一样，要想轻松地到达成功的巅峰，就应该将那些背负的包袱完全卸掉，这样，沿途还可以欣赏路边的美景。然而，在实际行动中，有不少人偏偏舍不得放下那些沉重的包袱，结果身心俱疲，哪里还有看风景的心思呢！

一次，一位高僧和弟子出门讲禅，当两个人走到桥边的时候，正好赶上山洪暴发，桥梁已被彻底冲毁了。

正在此时，有一个年轻漂亮的女子也要过河，因为家里有急事，当看到桥梁已断就十分着急。见此情景，高僧走上前问："女施主，你要过去吗？要不这样吧，我背你过河！"

女子思量一番后，回答道："好啊！好啊！"就这样，高僧背着女子涉水过去了。当到达河对面以后，高僧把女子放下，师徒两个人就径直奔向自己要去的方向了。

这时，一直跟在高僧身后的弟子心中却不以为然地想："师父常常跟我们说男女授受不亲，那为什么今天师父却要背这位女施主过河呢？"由于对方是师父，自己是徒弟，他犹豫了几次想问师父，但一直不敢将自己的想法说出来。

过了3个月以后，这位弟子心里依然放不下这件事。终于，有一天，他跑到高僧面前说出了自己的疑问。

高僧听后，微微一笑道："我将那位女施主背过河后，就已经放下了她，为何你现在依然放不下呢？"

其实，我们每天心里都背负着这样或那样的包袱，例如，子女学习成绩提不上去，我们心感疑惑；工作进度一直不令人满意，我们心有杂念；期待自己有一天能够变成一个大富翁，我们心存妄想；生活中与人闹别扭，我们心烦意乱等。如果我们具备故事中高僧的"放下"精神，那么烦恼、妄想等自然会减少许多。

有时候，我们之所以对心里的包袱放不下，是因为性格方面的斤斤计较，心中始终积压着恩恩怨怨，自然就活得非常辛苦。而只有毫不吝惜地抛弃这些心理包袱，才能早日摆脱掉过于沉重的心情，过上轻松的生活。

有一个乞丐，他穷得连一张睡觉的床都没有，每到夜晚来临的时候，他就睡在一个破庙里。

有一天夜晚，他自言自语地说："如果哪天我有了钱，决不像那些可恶的有钱人一样做吝啬鬼……"正说着，有一个神仙便出现在了他的身边，神仙说道："我听见了你的愿望，我可以让你拥有很多钱财。"

神仙说完就从身上拿出了一个聚宝盆。神仙说："这个聚宝盆里装的永远是一块金子，它是取之不尽的。但是，你要记住，只有你扔掉这个聚宝盆时，你才能开始使用第一块金子。所以，一旦你觉得金子够花了，再扔掉这个聚宝盆。"

神仙一说完就很快消失不见了，果然，在他的身旁，真的出现了一个聚宝盆，有一块金子在里面。于是，他拿出那块金子之后，又伸手进去拿，里面确实又出现了一块新金子。就这样，他不断地往外拿金子，整整持续了一个晚上。次日，乞丐身边的金子已堆成了一大堆，他心想："这些钱已经够我用一辈子了。"

这个时候，他才感到肚子饿极了，于是想去买吃的，但是很重要的一点是，他在花费金子之前必须扔掉聚宝盆。随后，他来到了庙外，刚一扔掉聚宝盆，他就后悔了，又掉头回去把聚宝盆拿了回来。

于是，他又继续往外拿金子，却总下不了"扔掉聚宝盆"的决心。就这样，过去了3天，他旁边的金子积得越来越多，此刻他可以拿着这些金子去买好吃的，买田地和房子。可是他却对自己说："等钱再多一些再扔掉聚宝盆才好。"

5天时间过去了，这个乞丐依然不吃不喝地拼命拿钱，其实金子已经非常多了，而他依然不肯将聚宝盆扔掉。后来，他的身体虚弱到了极点："我不能把聚宝盆扔掉，因为金子还在源源不断地涌出来啊！"

最终，这个乞丐可怜巴巴地饿死在了破庙里，身边堆着的则是亮闪闪的金子。

故事中的乞丐由于内心无尽贪婪，舍不得放弃到手的"聚宝盆"，最终因身心的双重疲惫而失去了生命。假如他早一点扔掉聚宝盆，不跌入无止境的欲望深渊，而是用到手的金子去过一种轻松的生活，他的结局又何至于如此悲惨呢？

在现实生活中，许多人活得太累，特别是在遭遇挫折和困境的时候，不知道感恩，不愿意放手，只是一味地贪婪，一味地自寻烦恼，永远无法抛却纷繁的世事和无谓的负担，一直铁着心、咬着牙、背着重大的包袱往前走，这样下去，生活不仅没有快乐，而且也欣赏不到路边美丽的风景。

因此，我们每一个人，每一天都要选一个安静的时刻，在一个安静的地点静心、悟心、洗心，然后放下各种阻碍我们前行的包袱。这样，我们才不会被其分散精力、扰乱视线，才能轻松地朝着心中的目标一步步地走下去。

如果一个人的内心永远添置不满，那么他只会感到生活的烦累，而不会获得任何轻松和快乐。很多时候，我们之所以不能开心心地生活，主要就是因为我们对自己永远不满足，总是刻意地去索求一些不属于自己的人或物。我们要学会感恩，学会知足，学会释放，点击生命的春天，复制曾有的快乐，删除令人讨厌的烦恼，刷新自己的心灵，也只有这样，我们才能一身轻松地奔向成功。而当我们痛快地甩掉那些"包袱"后，一定会感到如释重负，终将抵达如彩虹般美丽的终点！

扫清心灵的阴霾

> 对于心灵来说，忘记是丢掉和休息，铭记是包袱和劳作，前者比后者要轻松得多，是智者毫无疑问的选择。

乔治·罗纳原本是维也纳的一名律师。第二次世界大战爆发后，他逃到瑞典，生活陷入困境，很需要找份工作，因为他掌握多门外国语言，所以希望能够在一家进出口公司里谋一份秘书工作。绝大多数公司都非常客气，回信告诉他，因为正值战争时期，所以不需要这一类人才，不过他们会将他的名字存在档案里。只有一家公司在给乔治·罗纳的回信中写道："你对我生意的了解没有一处是正确的！你是一个又错又笨的人，我根本不需要任何替我写信的秘书。即使我需要，也不会是你，因为你压根连瑞典文也写不好，信里全是错误。"

当乔治·罗纳收到这封信后，气得快要发疯了。于是乔治·罗纳也写了一封信，想发泄一下心中的怒气，但很快他就冷静下来，问自己说："你怎么知道这个人说得不对呢？你虽然学习过瑞典文，可那并不是你家乡的语言，也许你真的犯了很多自己都不知道的错误呢！如果是这样的话，那么你想得到一份工作，必须不断努力学习。这个人可能帮了你一个大忙，虽然他本意并非如此。他用这种难听的话来表达他的意见，并不表示他就亏欠你，所以你应该写封信给他，在信里好好谢谢他。"

于是，乔治·罗纳将他刚刚已经写好的那封骂人的信丢进了垃圾筒，另外又写了一封信："首先，感谢您这样不辞辛苦地写信给我，特别是你并不需要一个替你写信的秘书。其次，我就我把贵公司的业务弄错的事向您道歉。因为别人告诉我说您是这一行的领军人物，所以我冒昧地给您写了求职信，我并不知道我的信上有很多文法上的错误，对此我既惭愧又难过。以后，我会更努力地去学习瑞典文，来改正自己的错误，谢谢您的提醒。"

没几天，乔治·罗纳意外地又收到了那个人的回信，信中邀请乔治·罗纳去他的公司做客，最后乔治·罗纳不仅得到了一份工作，而且还和对方成为了好朋友。

这个故事告诉我们：原谅伤害自己的人也是避免自己受到更深的伤害，或许还能得到别人的帮助，助你走向成功。

我们每一个人都不是圣人，无法做到去爱我们的仇人，可是我们至少可以原谅他们、忘记他们，这也是为了我们自己的健康和快乐所做的聪明之举。

威廉·盖洛曾任美国纽约州州长，在他被一份内幕小报攻击得体无完肤后，又受到了一个疯子的枪击，几乎致命。然而，当他躺在医院朋友们来看望他的时候，他却微笑着说："每天晚上睡觉之前，我都会原谅今天所有的事情和每一个人。这样在第二天太阳升起的时候，我就可以以快乐的心态迎接新一天。不要因为你的敌人或对手而燃烧起一把怒火，那热量也会灼伤你自己。"

《圣经》上说："怀着爱心吃青菜，也会比怀着怨恨吃牛肉好得多。"德国伟大的哲学家叔本华也认为，即使把生命看作是一种毫无价值而又痛苦的冒险，然而在他绝望的时候，他还是说"如果可能的话，对任何人都不要有怨恨的心理"。

我们活在这个社会上，就应该活得潇潇洒洒、开开心心，千万不要因为别人对你造成的伤害或者别人忘恩负义而使自己的心灵蒙上阴霾，更不要去试图报复我们的仇人，因为假如那样做的话，受伤的只有我们自己。

一般情况下，心态浮躁、情绪激进的人容易与人结成仇怨，而一旦怨积成又不容易放下，而这种积怨又极易由对个人的愤怒转为对周围的人甚至社会的不满，这种情绪于人己都是万分不利的，必须及时改变。

在受到对方言语或行动的伤害时，自己心里对其产生不满或愤恨是人之常情，但假如长期地记恨于对方则不明智，也没必要。

两个人原本是非常要好的朋友，却因为一些小事而不断吵架，吵到最后谁也不愿意见谁，就像有什么深仇大恨似的，这不是一件令人遗憾的事吗？

　　有这样一个妇人，平时温文有礼，也非常贤惠，常常天不亮就起床给家里人准备了可口的早餐，但她却患有不定期发作的精神分裂症。

　　她可以黄昏时拿着菜刀、棍子在大街上破口大骂，也可以一大早就如此。刚开始，人们以为那是在吵架，后来才知道，她是在发泄自己的情绪。

　　她最常骂的是："我不甘心，你这骗子，总有一天会遭到惩罚，你怎么可以骗我。"

　　知情人说这位女人曾被她所信任的朋友骗过，朋友向她借钱，借了之后就跑了，妇人开始不能接受，但并没有过激的表现，如今就成了这模样，十多年来她不能原谅朋友，怨气在心中越积越多，最终患上了精神疾病。

　　有人用这样的比喻来形容宽恕，他说："一只脚踩扁了紫罗兰，它却把香味留在那脚跟上，这就是宽恕。"大多数人都有这样的想法，认为只要我们不原谅对方，就可以让对方得到一些教训，也就是说："只要我不原谅你，你就没有好日子过。"其实，不原谅别人，表面是那人不好，实则我们自己才是那个真正倒霉的人，一肚子窝囊气不说，甚至连觉都睡不好，没多久就会积出病来。

　　山迪·麦葛利格先生原本有三个漂亮可爱的女儿，然而在 1937 年 1 月，一名精神病患者持枪闯进了他的家里，他的三个正处于花样年华的女儿都丧生在枪口下。这场悲剧使山迪陷入了痛苦的深渊，一个月的时间，他仿佛苍老了 10 岁。

　　随着时间的流逝，加上朋友的劝慰，山迪·麦葛利格先生渐渐体会到，只有抛开愤怒，原谅那名凶手，自己的生活才能重新走上正轨。于是，山迪·麦葛利格先生把所有的时间用来帮助别人获得心灵的平静及宽恕他人。他的经验可以证明，即使是遭遇剧变所引起的怨恨，在人性中也依然可以释怀。有人问山迪他改变的原因是什么，他回答说是"为了自己，为了让自己好好活下去"。

　　我们每一个人都不可避免地会遇到令人伤心、孤寂、绝望的事情，也可能遭到疾病等灾祸。失去珍贵的东西之后，伤心是在所难免的。问题是，这件事最终对你的改变是什么？是让你更加坚强还是更加软弱？对待自己最好的方式，就是原谅别人，因为想要拥有健康快乐的心态，就必须释放自己的心灵，让心灵不再有阴霾、充满阳光。

　　看得开，放得下，才能享受快乐幸福！有些事看不开，就只能背着。有些人放不下，就只有记着。有些情舍不得，就只好留着。可等有一天，背不动了，就看开了！记不清了，就放下了！留不住了，就舍得了！所以说，人生不能太过计较，睁一只眼，闭一只眼，一切都会过去的。珍惜眼前的人，做好眼前的事，那么生活就都是美好的！记住，要时刻不忘清扫心灵的烦恼与阴霾。

不要让心灵永远背着仇恨袋

我们每天行走在人生的道路上，都希望前方是平坦的，没有沟壑和坎坷，既遇不到阻碍，也碰不到敌人。其实，实现这一点并不困难，只需要我们淡化恩怨即可。

我们每一个人都应该做到两点：第一，勇于忘记，放眼未来，将精力放在做对社会有意义的事情上；第二，不念旧恶，注重现在，洒脱做人。

有一个财主，他有三个儿子，在他老年之后，财主决定把自己的钱财全部交给三个儿子中的一个管理。可是，究竟要留给哪一个儿子呢？财主犹豫不决，后来他想出了一个办法：他要三个儿子都花一年时间去周游世界，回来之后看谁能做到最高尚的事情，谁就可以继承这笔钱财。

很快，一年时间过去了，三个儿子陆续回到家里，财主要三个儿子当面讲一讲自己的经历。

长子自信地说："我在旅行到一个贫穷落后的村落时，看到一个可怜的小男孩不幸掉到湖里了，我立即跳到水里把他救了起来，并留给他家里一笔钱。"

次子得意地说："我在游历到一个城市的时候，遇到了一个陌生人，他非常信任我，把一袋金首饰交给我保管，可是那个人却意外去世了，我就把那袋首饰原封不动地交还给了他的妻子。"

小儿子犹豫地说："我没有遇到两位兄长碰到的那种事，在我旅行的时候遇到了一个人，他对我的钱袋垂涎已久，一路上千方百计地算计我，我几乎死在他手上。可是有一天我经过悬崖边，看到那个人正躺在悬崖边的一块大石头上睡觉。当时我只要轻轻一推，就可以把他推下悬崖，我想了想，觉得不能这么做，正打算走，又担心他一翻身掉下悬崖，就叫醒了他，然后继续赶路了。这……似乎不算什么有意义的经历。"

财主听完三个儿子的话，点了点头说："诚实、见义勇为都是一个人应有的基本品质，算不上是高尚。有机会报仇却选择了放弃，并帮助自己的仇人脱离了危险的境地，这种宽容之心才是最高尚的。"于是，财主把全部财产交给了三儿子。

宽容忍让是成大事者的心态。对别人的错误既往不咎的人，才能甩掉沉重的精神负担，大踏步地向成功前进。人要有点"不念旧恶"的精神，例如在同学、同事之间，在很多情况下，我们误以为"恶"的，也未必就真的是"恶"。退一万步说，即便是恶，当对方心存歉疚、诚惶诚恐的时候，你不念旧恶、以礼相待，很可能使对方感激不尽，你们彼此的情谊也会更加深刻。在和别人发生矛盾的时候，我们要主动示好，以宽容的态度对待一切，采取和解的行动，这样才能让我们的人际关系更加和谐，人生更加幸福。

多年前，在美国新泽西州的一个小镇上有一对叫杰克和汤姆的邻居，但他们的关系却不怎么好。虽然谁也记不清到底是为什么，但彼此就是不和睦。他们只知道不喜欢对方，有这个原因就足够了。所以有的时候他们也会发生口角。尽管夏天在后院开除草机除草时车轮常常碰在一起时，会说两句客气话，但通常情况下，他们还是很少打招呼。

后来，在夏天快要过去的时候，杰克和妻子外出去度两周的假期。开始的时候汤姆和妻子并未注意到杰克家的出游。也是，注意他们干什么？除了争执之外，他们相互间很少说话。

但是一天傍晚汤姆在自家的院子除过草后，注意到杰克家的草已很高了，而自家草坪刚刚除过草，看上去十分显眼。

对开车过往的人来说，杰克家中的草坪很显然在告诉别人，家中没有人，这样就可能招来小偷的光顾。

汤姆看着那高高的草坪，心里很不情愿去帮助他不喜欢的人。然而，尽管他很努力地想在脑子里抹去"帮助杰克除草"的想法，但是那种想法却总是挥之不去。第二天，他就主动地把杰克家的草坪除了草。

几天之后，杰克和他的妻子回来了。他们回来不久，杰克就在街上走来走去，并且在整个街区每个房子前都停留了一会儿。最后，他来到了汤姆的房子前，敲开了汤姆家的门。

"汤姆，是你帮我家除草了？"杰克问，这也许是他很久以来第一次这样称呼汤姆。"我问了所有的人，他们都没有除。他们说是你做的，真的是你吗？"杰克的语气里充满了惊讶。

"是的，杰克，是我除的。"汤姆说，他的语气也没有了以往的挑战性，因为他听到了杰克话语里的感激。

杰克此时有点犹豫，他不知道自己该说些什么，他考虑了片刻，最后用力地握住了汤姆的手，说了声"谢谢"，然后匆匆离去。

就这样，杰克和汤姆打破了以往的沉默，他们之间的关系大大改善了，见面时彼此都是笑盈盈的，甚至一起出去郊游。

试想，如果没有彼此的宽容，他们能走到现在这一步吗？

在人际交往中，做到长期相处最重要也最难得的是将心比心、平和友好、宽容忍让。

在某城市的公共汽车上，一个染发的男青年往车内吐了一口痰，乘务员看到后，说："先生，为了保持车内的环境卫生，请您不要随地吐痰。"出乎意料的是，那个男青年听后不但面无羞愧之色，反而说了一些不堪入耳的脏话，接着又狠狠地向地板上吐了三口痰。面对这样不讲公德的人，周围的乘客都气愤不已，甚至有乘客准备教训他。但让大家想不到的是，女乘务员定了定神，平静地看了看那位男青年，对大家说："没什么事，请大家回座位坐好，小心摔倒。"一面说，一面从口袋里拿出纸巾，蹲下擦掉了地板上的痰迹，然后将废纸巾扔到了垃圾桶里，然后好像什么事情没发生一样地继续卖票。看到这个举动，所有人都愣住了，车厢里鸦雀无声。那个男青年仿佛舌头突然短了半截似的，再也说不出话来，等车到了下一站，他等车停稳，就急忙跳下车，刚走了两步，又跑了回来，对乘务员喊了一声："请你原谅我的粗野！"

俗话说："忍字头上一把刀，遇事不忍把祸招，若能忍住心头急，事后方知忍字高。"故事中的女乘务员，面对污辱，没有选择与对方争辩或吵闹，而是忍下了一时之气，选择了主动退让。这种退让使她占领了道德和人格上的制高点，同时给了那个不讲社会公德的人一个深刻的教训。所以，我们在生活中也应该注意培养这种宽容忍让的习惯。

某女士是家里的老大，下面还有两个弟弟。小时候家境艰难，父母整天忙着上班，照看两个弟弟、洗衣做饭等家务事就由她承担了起来。弟弟怕她，父母疼她。因此她养成了能吃苦受累不能忍气吞声的个性。后来她来到部队，做了一名通信兵，在部队纪律的严格约束下，部队的一些要求她虽然行动上执行了，可心里却不服气，常常在私底下发牢骚。而她真正成熟进步是从学习忍让开始的。

刚开始上机时，连长找了一位老兵负责培训她，那个老兵性子很直，比较"厉害"。有一次，用户要与部队下面的一个分站通话，她拿着插头不知往哪条线路上插，正犹豫着，那位老兵劈手从她的手里夺过插头，说："你别拿着我的插头巡逻了。"从小到大，她哪里受过这个气，当时她的脑袋嗡的一声，血往脸上直涌，泪水在眼窝里打转，恨不得马上摘下话筒跑掉，或者和老兵吵个天翻地覆。可是一刹那间，她忍住了。想起平时上级说的三尺机台就是战场，要是跑掉不就等于做逃兵吗？所以她一边忍着将要掉下的眼泪，一边认真地看老兵操作。下班后又帮着老兵整理话单，打扫机房，心情一下子舒畅多了；而老兵也觉得自己做得有些过分，主动过来手把手地教她。后来，她们俩成了最为要好的战友。

忍让是理智的抉择，是成熟的表现。一个人要想获得别人的尊敬，那么他就必须养成宽容忍让的习惯。

威廉·麦金莱是美国第25任总统，在他刚上任时，任命某人做税务部长。然而，这一决定遭到了许多政客的反对，他们派代表前往总统府，要求麦金莱给一个解释。为首的是一位身体矮小的国会议员，他脾气暴躁，说话粗声粗气，开口就把总统大骂一番。麦金莱却一声不吭，任凭他声嘶力竭地骂着，最后麦金莱才心平气和地说："你讲完了，应该没有怒气了吧。按照常理，你这样责问我是没有道理的，你也没有这样做的权力。但是现在，我仍然愿意详细地给你作出解释……"

这几句话说得那位议员非常羞愧，正准备表示歉意，但麦金莱和颜悦色地说："其实也不能怪你，因为我想任何不明真相的人都会生气。"接着，麦金莱一一解释了任命那人的理由。

其实，在麦金莱解释之前，那位议员已被他的人格魅力所折服，他对自己用恶劣的态度来责备一位和善的总统非常后悔。因此，当他回去向同伴们汇报时，只是说："我没有记全总统的全部解释，但我可以确认一点，那就是总统的选择是正确的。"

"忍让"不仅使麦金莱的解释获得了良好的效果，而且使那位议员幡然悔悟，从此再也不对别人做出令人难堪的举动了。其实，别人故意用种种计策让自己大发脾气，自己一怒之下，就会做出不理智的事情，这样无疑是自讨苦吃。这个时候，敌视自己的人也趁机故意发起挑衅，假如不能冷静地忍让，陷入窘境就是难免的了。

在现实生活中，随时随地都可能发生让人生气、令人发怒的事情，作为一个有头脑的人，必须使自己养成宽容忍让的习惯，用理智的态度处理各种不愉快，以更好地、安心地工作和生活。如果任意放纵自己的情绪，受到伤害最大的一定是自己。尤其在面对自己的对手的时候，对手有意气自己、激自己，自己不能忍气制怒、保持清醒头脑，就容易被人牵着鼻子走，落入别人的圈套。

对于我们来说，忍就是控制自己的情感，所以要养成忍让宽容的习惯并不困难。但假如我们做到了，那么我们就会有很多收获，往往就是在宽容忍让之后，在某一领域取得突破，进而实现自己最初的理想。

　　有一位哲人说过："生气是用别人的错误来惩罚自己。"勇于忘记是一种心理平衡，也是一种郁闷的解脱。对别人的伤害耿耿于怀，实际上最受其害的是自己的心灵。在这种情况下，轻则自我折磨、痛苦不堪，重则就可能产生疯狂的报复念头，害人害己。而以一种大方豁达的态度待人，会使你受到普遍的喜爱和欢迎，你终将获得快乐的巨大源泉。

第三辑
努力做最真实的自己

　　大自然所赋予你的一切，你都应该利用起来……你只能唱你自己的歌，画你自己的画，做一个由你的经验、你的环境和你的家庭所造成的你。无论是否美丽，你都得为自己营造一个只属于你的小花园；不论是否好听，你都得在生命的交响乐中演奏自己的乐章。

没有谁比自己更值得取悦

听从自己的内心，我们会发现，比取悦他人更智慧的是取悦我们自己。

曾经，有一位非常著名的诗人，有一件事情一直让他非常苦恼：他还有相当一部分诗没有发表出来，而且，别人也并不十分欣赏他。

正当他苦恼的时候，一位禅师帮助了他。这天，诗人向禅师说了自己的苦恼。禅师听后淡然一笑，指着旁边一株茂盛的植物问道："你看，那是什么花？"诗人看后回答说："夜来香。"禅师说："的确，这是夜来香，只有在晚上的时候才开放，那么你知道这种植物为何仅在夜晚开花，散发香味吗？"诗人望着禅师，他也不知道是什么原因。

"晚上开花，没有人会注意，但是，它开花是为了取悦自己，而不是为了取悦别人。"禅师说道。诗人听后感到很惊讶："取悦自己？"禅师笑道："为了引人注意，赢得别人的称赞，大多数植物选择在白天开花。而夜来香恰恰相反，它在没人欣赏时开放自己、芳香自己，它这样做只是为了让自己快乐。难道作为人，我们还不如一株夜来香？"

禅师看了看诗人继续说道："有很多人，他们快乐的钥匙是掌握在别人手里的，做什么都好像是在给别人看，好像只有得到别人的赞赏自己才能够快乐。实际上，在不少时候，我们做事的目的应该为自己。"诗人笑着说："我懂了。我们活着是为了自己，而不是给别人看，这样的人生才是有意义的。"

禅师赞同地点了点头，又说："一个人，只有取悦自己，才能把握好自己；只有取悦自己，才能将自己有效地提升；只有取悦自己，才能使自己好的一面感染到别人。虽然夜来香是晚上开放，但是，有很多人是闻着它的芳香进入梦乡的。"

想要把美好的感觉传递给别人，我们要先取悦自己；只有取悦自己，才能将自己提升至一个应有的高度；只有取悦自己，才能更好地肯定自己。在现实工作生活中，取悦自己就是一种固定剂，可以让自己长久地保持一种乐观自信的心态，面对将来要走的路也能够更加勇敢更加坦然。

有人做过这样一个调查，某公司的所有男士要对公司所有女士进行评议，并指出最吸引自己的女士名字，结果表明：凡是被点到的女士们，要么有良好的气质，要么善解人意，要么富有生活情趣，要么个性不凡。事实上，这些人一定是先取悦自己，然后再凭借自己的优势取悦他人的，而这些人在将来也会有幸福快乐的家庭。

在我们生活中，一些纷纷扰扰的事情会出现，往往在有些时候，我们需要作出唯一的选择，因为不同的选择会产生不同的结果。我们也会在这个时候左右为难，当情况无法调和的时候，我们大多数会选择取悦自己。

取悦自己还是别人，当局者和旁观者的感受是不一样的。只有当局者才能体会到其中的痛苦和艰辛，在看尽其他人取悦别人后的倦态和乏味后，他们就会听从自己的内心，跟自己相爱的人踏踏实实的过一辈子，成全自己的幸福。

"海浪轻逐，春暖花开"是我们每个人的梦想。在这美丽的"画卷"之上，有恬淡自然，也有惬意芳香。听从自己的内心，我们会发现，比取悦他人更智慧的是取悦我们自己。

著名主持人吴淡如说："每个人心中都有一首歌，即便没有掌声，我们也能歌唱，也能取悦自己。"现实生活里，发生着许许多多的大事小事，没有多少人能够真正做到听从自己的内心，不去刻意追求利益与物质。

因此，每个人要关注自己的内心，怎么快乐怎么生活，这样生命就会五彩缤纷。不管是当下还是未来，每分每秒都要记得为自己而活着，无需取悦他人，取悦自己所带来的幸福和快乐是任何其他的东西都无法比拟的。

活着就是富有

没有任何东西能够买到时间。对于每个人来说，生命只有一次，而且时间非常短暂。人最大的财富和最珍贵的应该是生命。

每个人对幸福生活的定义都是不一样的，每个人也都在思索幸福的生活到底是什么样子的，这个问题是没有标准答案的，因为幸福是一种心理感受，每个人都有自己不一样的感受。如有的人认为高官厚禄是幸福，有的人认为功成名就是幸福，有的人则认为家庭和睦是幸福……幸福在下面的这个故事中所体现的含义值得我们所有人思考。

依萨是纽约贫民窟的一个贫穷家庭的黑人孩子，他从小就感到生活很艰辛。缺衣少穿的生活、他人的歧视、同学们的取笑，常常让他伤心不已。他不喜欢周围的任何人，甚至觉得世界上最不幸的人就是自己，他决定要出人头地，过上幸福的日子。

依萨学习十分勤奋，终于被一所著名的大学录取。但是昂贵的学费并没有让他感觉到幸福。大学时期，依萨一边学习，一边打工，熬到了毕业，并在一家大公司找了一份不错的工作，但此时他的上司给他气受，同事也排挤他，他依然感觉自己不幸福。他认为只有拥有自己的公司才能幸福。依萨拿出自己几年的积蓄注册了一家销售公司，经过几年的努力他的小公司变成了大公司，他拥有了曾经梦寐以求的豪华别墅、高档轿车、巨额银行存款和美丽贤惠的妻子。谁知，梦想中幸福的生活并没有来到。因为他的员工工作效率低下还要要求加工资；心狠手辣的竞争对手整天想着怎么挤垮他的公司。

终于，伊萨因为心情不好开车走神出了车祸——他的高级轿车钻进了大货车底下。轿车报废了，所幸依萨只是受了点皮外伤，没有生命危险。之后，伊萨一想到那次车祸就非常害怕，他突然明白，活着是多么美好啊。活着就是一个人最大的幸福，别的任何事情都没有必要奢求了。

每个人的一生都会发生很多事情，也许我们生活并不富裕，也许我们没有成功的事业，也许很多不幸的事情发生在我们身上，因此，很多人抱怨自己很不幸。仔细想想，这些事跟死比起来算得了什么呢，最幸福的事情就是活着呀！

对于每个人来说，生命只有一次，而且时间非常短暂。人最大的财富和最珍贵的应该是生命，就像电影《怪物史莱克》中演的那样，若是把一个人出生的那天抹去，也许就不会有"金钱""权利""感情"等等纷繁复杂的矛盾，既然不曾存在，发生就无从说起，怎么会有幸福呢？

有个故事是这样说的：

一个年轻人整天愁眉不展的，他总抱怨自己生活不幸福，听到他的抱怨后，一位智者感慨地说："你很富有呀，哪里穷了！"

"这从何说起？"年轻人问。

智者反问道："假如现在砍掉你一个手指头，给你1000元，你同意么？"

"不同意。"年轻人回答。

"给你1万元，砍掉你一只手，你愿不愿意？"

"不愿意。"

"给你10万，买你一双眼睛，你愿意吗？"

"不愿意。"

"1000万买你的命，愿意吗？"

"当然不行。"

"年轻人，你拥有这么多的财富，怎么还说自己贫穷呢？"智者笑着问道。

年轻人一句话也说不出来，他突然什么都明白了。

看到这里，你是不是也会恍然大悟，感慨一句："我原来也是这么富有的人！"

伊丽莎白女王临终时说："愿以我一切所有，换取一刻时间。"就像是对我们的警告，我们最宝贵的东西就是生命，活着是对生命的价值与意义的最好诠释！

是啊！能够平平安安地活着就是极大的幸福，为什么还要抱怨生活中其他的不如意呢？这一切的一切都仅仅是生活中小小的插曲而已。把握生活的每个瞬间，阅尽人生百态，品尝五味俱全的人生，生命才能显得更加幸福，痛苦也就只是淡淡的了。

有一名士兵在第二次世界大战期间被炮弹打中，腿部流了很多血，他和一些同样在战场上受伤的士兵被送到了医院。在医院里，伤员们的脸上写满了颓废和恐惧，每天，他们都生活在忧虑和痛苦中。

这个士兵经过抢救脱离了危险，并最终苏醒了过来。但是，他的左腿没了，永远都不会再长出来。截肢的疼痛时常折磨着他，而且他要承受自己已经是残疾人的精神压力，但是，看起来他很开心，一点也不悲伤。

其他的士兵很不理解他为什么这样。

这个士兵说道："没有了一条腿，不能再上战场，下半辈子只能拄着拐杖或者坐在轮椅上，谁遇到这样的事情都会十分痛苦。不过，我还活着啊，这对我来说就是最大的幸福！吃饭、喝水、生活，这些我都能做，我可以继续感受生活的温暖和人间的爱。"

多好的一句话——"我还活着，这对我来说就是最大的幸福。"，"活着"本来是一件很简单且自然的事情，但当灾难来临的那一刻，"活着"就变成了一件非常困难甚至是天方夜谭般的奢望，此时，我们才能体会到活着是多好的一件事。

生活中会有各种纷繁复杂的纠葛、痛苦、伤害等问题需要我们去面对。此时，如果我们能够多和自己说"幸好我活着"，相信就会对生命有一个全新的概念，你会发现那些都是微不足道的小事情，根本不值得我们费心，因此也会更加感激生命，过上更加安然、幸福、有意义的生活。

　　只要活着就有梦想与希望；只要活着就有幸福和快乐。活着，我们可以看花开花落云卷云舒，可以听潮起潮落甜言蜜语；活着，我们可以感受阳光的温暖，可以体会秋风的萧瑟；活着，我们可以享受春风细雨，可以感悟爱的真谛。

相信自己，坚定地走自己的路

> 相信自己，坚定地走自己的路，无论遇到什么样的困难都要坚持下去。

我们在很多时候习惯去重复别人走过的路，总是轻易放弃自己决定要走的路，因此，自己的人生也就失去了应有的光彩。而那些一直相信自己，坚定走自己的路的成功者，他们会坚持不懈地走自己认定要走的路，因而他们的人生也会迎来美丽的彩虹。

现在的社会充满了压力，有很多人喜欢走捷径，当一条路一旦感觉走不通的时候，就会立即换另外的一条路。当发现又走得不是很顺的时候，又要换另外的一条路。就这样，换来换去，到最后一件事情都做不好，自己的一生就这样白白浪费了。如果坚定自己的路，那又是另一种结果。

美国著名诗人爱默生于 1842 年 3 月在百老汇的社会图书馆里作了一次演讲，当时的年轻诗人惠特曼受到了很大的激励："我们的诗人文豪都在这儿，还有谁说我们美国没有自己的诗篇呢……"

爱默生振奋人心的演讲给了惠特曼深深的鼓励，他坚定信念要到不同领域，不同阶层体验生活，以便写出更优秀的诗篇。

终于，惠特曼的《草叶集》在 1854 年出版了，该诗集的基调是"热情奔放"，采取新颖的形式，将民主思想和对社会压迫的强烈抗议深刻地表达了出来。在那个时期，美国和欧洲诗歌的发展都受到了这个诗集的影响。

《草叶集》出版以后，爱默生也很激动，他称赞这些诗是"属于美国的诗"，"是奇妙的"、"有着无法形容的魔力"、"有可怕的眼睛和水牛的精神"。惠特曼本人也得到他高度的赞赏。

由于《草叶集》的写法新颖，格式和思想内容都不拘一格，因此当时大众并不容易接受。然而，在爱默生的赞扬下，此书还是很畅销，因此，惠特曼自己的信心和勇气也因此增加了许多。他在1855年末还刊印了第二版，并且加进了20首新诗。

惠特曼在1860年决定刊印《草叶集》的第三版，他决定把他的新作加进去。此时，爱默生竭力劝阻他将其中的几首刻画"性"的诗歌发表，认为有这些诗歌的存在，这本诗集就不会受欢迎。但是，惠特曼却对此并不赞同："删后还会是这么好的书么？"爱默生并不赞同惠特曼的话，他说："删了才是本真正的好书！"

但是，惠特曼始终不愿意删掉那些诗作，他坚定地说道："没有任何东西可以束缚我的思想，我要坚持走我自己的路。《草叶集》里的任何一章我都不会删，繁荣或者枯萎都顺其自然吧！"

没过多久，惠特曼发行的第三版《草叶集》竟然非常畅销，他也因此获得了巨大的成功。并且，这本诗集很快就扬名海内外。

就像爱默生曾经说过的话："很多有希望的幼苗都被偏见给扼杀了。"因此，对自己的决定要充满信心，大胆地坚持自己要走的路。

假如惠特曼听了爱默生的话而不是坚持自己的意见，也许第三版的《草叶集》就不会获得成功。总之，现代社会中的我们，一定要学习惠特曼的那种精神：相信自己，坚定自己的信念，一旦认准了自己的路，就不能退缩，更不要回头，坚持不懈地走下去！

美国著名电台广播员莎莉·拉菲尔，在她30年职业生涯中，曾经被辞退过18次，也许并没有多少人知道。但是，她每次都放眼未来，从不气馁，她把目标定得更加高远并且坚持自己的选择。所以，一直没有一家电台肯给她这个机会。后来，她好不容易在纽约的一家电台谋求到了一份差事，但是很快就被辞退了，因为她跟不上时代，就是这个简单的原因。

这些厄运并没有让莎莉丧失信心，她会总结每次失败的教训。后来，她又向国家广播公司电台推销她的清谈节目构想。电台勉强答应了雇用她，但是，却只允许她主持政治类节目。

"我对政治所知不多，恐怕很难成功。"一开始她也举棋不定，最后，她决定给自己一次尝试的机会。

莎莉·拉菲尔此时对广播非常精通，因此，她便凭借自己的优势和平易近人的作风，畅谈马上到来的7月4日的国庆节对她来说有什么意义，而且，还专门请听众通过电话的形式来畅谈各自的感受。此后，听众对这个节目非常感兴趣，她也因此而声名鹊起。

莎莉·拉菲尔如今已经是自办电视节目的主持人，还曾经两度获得重要的主持人奖项。她曾经感慨地说："被人辞退过18次，这样的厄运并没有把我吓倒，相反，鞭策我激励我做成我想做的事情的就是这些厄运。"

莎莉·拉菲尔是一个坚持走自己的路，始终都相信自己的人，她并没有因为之前曾被辞退18次而对自己产生怀疑，反而，她的勇气和信心因此都被激发了出来，最后，她获得了机会，这是经历过多次失败后的成果。她把握住了机会，并且成为著名的节目主持人。

总之，我们要相信自己，坚定地走自己的路，无论是遇到什么样的困难都要坚持下去。只要拥有坚持不懈的韧劲和决心，相信自己选择的道路是没错的，我们必然能够创造出另一番绚烂的人生境界。

　　选择一条路对我们来说并不难，难的是我们会在开始或者中途放弃。走自己的路不是一件容易的事情，这需要我们有毅力，需要我们有勇气，需要我们去坚持，如果我们离成功的终点仅有咫尺之远，但我们却放弃了，那也说明我们最终是失败的。因此，看清了自己的路就要一步一步走下去，不能停下自己的脚步。

精致的生活

精致是情致、情趣、美好、优雅的意思，它是对生活质量的一种强调。

如果让你形容自己目前的生活状态，你能想到什么词语呢？充实、无聊、紧张、平淡……相信很多人不会用到"精致"这个词语。精致是什么呢？精致是情致、情趣、美好、优雅的意思，它是对生活质量的一种强调。

我们每个人都有不一样的生活，就像瓷器，有的裹着华丽的外衣，有的素雅而毫不起眼。过日子就像选瓷器一样，挑挑拣拣的，把最喜欢的带回了家，可还得小心翼翼呵护着。瓷器很精致，我们的生活也要像呵护瓷器般精致。

简陋的生活可以习惯，但是粗糙的生活无法忍受。

来自黄土高原的甲，他的家非常贫困，我们常人是无法想象的，但是他那瘦削美丽的母亲经常说的一句话是：生活可以简陋但却不可以粗糙。她给儿子做白衬衫、白边儿鞋，让穿着粗布衣服的甲在艰苦中明白什么是整洁与有序，并且养成了这一习惯。因此，甲的衣着每天都是干净整洁的，床单都是整整齐齐的，虽然都洗得发白了。

甲的一位朋友乙，他是家里的"宝贝"，家庭很富有。虽然他有一柜子衣服，但是没有一件干净整洁的。乙总是把衣服随随便便地一扔，想穿了就皱皱巴巴地套上，乙的床上横看竖看都是乱，早上起来从来没把床收拾干净。乙经常说的一句话是："这日子不能过了，什么都那么乱。"

甲的日子每天都过得有滋味，这也是乙无法明白的事情。

虽然甲家庭不富裕，生活很清苦，但是他整洁有序的习惯让生活美好起来了。看到了吧，生活虽然有时很简陋，我们只是毫不起眼的凡人，但是只要咱们有心，就一定可以寻找到安抚自己的精致，让精致的绚烂之花在平凡的生活中开放。

对美最好的注解就是精致，它能让生活变得不再平凡。精致，是一种优雅的情怀和品位，是靠环境的熏陶、严格的家教、学问的培养等养成的，语言是很难描绘定义的，它是一种内在自然的品位。精致可以孕育于中而行于外。

自爱，是精致最外在的表达，无论在何种场合，你的着装、打扮都必须讲究整洁，给他人以美的享受。法国巴黎著名的形象设计师萨克拉斯说："一个人给我们最初的印象是他的体貌特征和服饰穿着。只有时间才能体现一个人的内在美。"由此可见，形象是每个人向世界展示自我的窗口，每天都精心地打扮自己，每天出现都是美好的形象。

更多时候，精致在细节方面体现。试想，你走进一间房屋，看到地板被擦拭得一尘不染，干净的玻璃从床边一直延伸到了门口，桌子上摆放着一串淡紫色的鲜花，桌上井然有序地摆放着各种精美的小饰品……这一切景象是不是会体现出一种恰到好处的美丽，令人心旷神怡？精致的魅力就是这些细微之处的细致。

生活是不能粗糙的，许多人都这样认为，随时随地都能看到他们十分重视细节。一块纸尿布，未用时平常无奇，一旦尿湿，彩虹图案赫然出现，提示父母该替宝宝换纸尿裤了；一只杯子，握在手掌里，手弯曲成什么样的弧度才最舒适；一双筷子，包装纸上印什么字、用什么字体方能凸显食物的气质；一处房子用多少盏灯、挂在哪里是最恰当的……这样的细节理念虽然朴实无华，但是，高质量的生活就是这样创造的，这种理念值得我们思考、学习。

生活匆忙的人是不能体验精致的生活的，精致是一种慢节奏的慵懒。这里的"慵懒"一词并不表示自由散漫，而是不被生活威逼去过快节奏的生活，这种生活状态无忧无虑。用很长的时间化一个完美的妆；给自己或爱人慢慢熬制一份汤；在阳光下细品着下午茶，说着无关紧要的话；窝成猫儿的形状，躺在沙发或者床上偷得浮生半日闲……一种惬意和精致体现的是最极致的慵懒。

或许，有时候你的生活已经不能精致，但是只要你保持一颗精致的心，拥有爱生活的心情，创造美好，拥有美好，维护美好，那么就算是再平淡的生活，你依然能够体验到许多暖意，让自己和他人都感觉到温暖。

在一个小镇上，有一个女人每天都摆地摊。有一个在工地上做小工的男人，一喝酒就爱打她，她还有一个瘫痪在床的婆婆。按理说，这样的女人应该是很落魄的，可她活得从容而优雅。女人头发很长却总是梳理得纹丝不乱，一袭紫色长裙虽然只是廉价的衣料，却显得款款有致。她优雅地守着地摊，温文婉约，笑意姗姗。

所以，有事没事的时候人们就喜欢到她的摊子前转转，走的时候买走一两件小商品。

过了几年，女人攒了钱买了汽车。她把男人送去考了驾照，做了出租车司机。她就跟着车子来回跑，对待顾客非常热情。湖蓝色的坐垫，淡紫色的窗帘，车和她的人一样优雅，自然吸引了不少坐车的顾客。日子渐渐红火起来，谁知，丈夫出了车祸，她的腿也受了伤，住进了医院。不仅汽车毁了，还欠下了几十万的外债。

这次她不可能再站起来了，所有人都这样认为。可是半年后，她又在街头摆上了地摊，她依然盘发，穿旗袍，腿部虽落下小残疾但也不妨碍脸上的笑容，她丈夫也经常帮她打点生意，比以前对她好多了。两年后，女人又攒够了钱，买了两辆车，一辆自己跑出租，一辆让丈夫跑长途，他们的日子非常红火。小生活对于这个穿旗袍的女人来说并不如意，每天奔波劳累为了生活，但是她不抱怨、不咒骂简陋的生活，内心依然保留对美的渴望，好像自己是最优雅的女子一般，精致存在的表现就是快乐而平和地生活。

精致的生活每天都可以有，精致的生活不分平凡与高贵。

　　我们要从点点滴滴做起，打造自己的精致生活。即使只有一点点改变，你的生活也会大不相同。但建立和保持一种精致的生活却是不易的，这需要不断改进自己的生活习惯，提高自己的觉悟和鉴赏能力，让自己的内心生活不断丰富起来，对生活的理解和品位也要有所提高。

给自己一个承诺

> 比任何东西都重要的是给自己一个承诺，这样，才能有信心一直奋斗下去，承诺激励我们前进，给我们每个人带来希望。

一次，有一个重大的消息吸引了大家——北京王府井饭店要公开招人。段云松得到了面试的机会，后来成为了一名行李员。

有一次，香港首富李嘉诚下榻王府井饭店，段云松负责给他提行李。酒店为表示对李嘉诚的欢迎特意举行了欢迎仪式，在众多人的簇拥之下，李嘉诚的步伐越走越快，而段云松同时拎着两个重箱子，气喘吁吁，最后将箱子送到了李嘉诚的房间，段云松得到了随从递给的小费，虽然只有几元钱。

事实上，段云松作为行李员，为上流人士拎包，他感到很自豪，但更多的是激励。他心想："为什么他们可以住进这么高级的饭店，难道我就不可以吗？"李嘉诚等成功人士的气质和风度，将段云松深深吸引住了。他在心里告诉自己："我一定要成功！"

过了些日子，一个旅行团来到饭店，段云松和一个同事同时为其搬运行李，把两人都累坏了。后来，两个人跑到了饭店的楼顶去吸烟，望着人山人海的王府井大街，段云松突然说道："将来，我的车也会停在这里，我的房也会在这里。"他的同事听了很不以为然，对段云松冷嘲热讽了一番。

不久以后，段云松毅然辞掉了这份工作，到处寻找商业机会。很快，段云松在长安街民族饭店对面承包了一家小饭馆，仅一年时间，他就赚了十多万。

接着，他又包下了一个场地搞餐饮，在院内找了个合适的位置养了几只大鹅，又设法找来了篱笆、牛绳、辘轳、风车、风箱等物，另外，还找人专门砌了口灶。

忆苦思甜大杂院开张营业没多久，来这里吃饭的人便络绎不绝。段云松一天的营业额就超过了一万元。3 年，他赚了 1000 万。

过了些时候，段云松开始厌烦餐厅里的这种喧闹、嘈杂，心想："我除了这些，还能做点别的吗？"

1994 年末，段云松的茶馆开张了。起初，生意并不好，但段云松告诉自己说："不用担心，这样的日子总会过去的！"后来，在 1997 年，茶艺市场终于启动了。

后来，段云松马不停蹄地又建起了多家茶艺表演队，代培茶艺小姐，批发茶叶茶具，为开茶艺店者提供各种各样的服务，在这期间，他还筹建了北京第一所茶艺学校……

后来，段云松诙谐地提起，一天，他去王府井饭店办事，令他想不到的是，竟然是 10 年前嘲笑他的同事前来为他提的行李。

天赋蕴藏在我们每个人身上，它就像金子一样给我们平淡的生活增加了色彩，但是，那些妄自菲薄的人看不到自己的闪光点。无论处在什么样的环境，我们都要试着给自己一个承诺，然后为了它努力奋斗，总有一天，命运会微笑着向你走来，你的生活也会因此更加不一样。

当年，李宗盛并没有得偿所愿考入音乐学院，但是，他并没有灰心丧气，他重重地跺了一下双脚，将自己的右手慢慢地抬起来，大声地向自己承诺说："以后我就干音乐这行！"

就这样，这个承诺如同一颗鲜嫩的种子播在了他的心中。仅仅 10 年，李宗盛功成名就——成为家喻户晓的实力派词曲作家和唱片制作人。

虽然现在李宗盛已经年过 50，但是，他并未停下追逐音乐的脚步。2008 年，他和同样爱音乐的罗大佑、周华健、张震岳成立了"纵贯线"组合，重新掀起了音乐的阵阵浪潮。曾经有媒体采访他，问他为什么会这样做，他笑着说："因为热爱，之前说过要干这一行，我不能食言呀！"

对我们每个人来说，给自己一个承诺是很有必要的，它可以时刻鞭策我们成长，激励我们前行，只要辛勤地给它阳光、空气和水，总有一天，这颗种子会生根发芽，开花结果的！所以，最重要的是给自己一个承诺！

　　给了自己承诺，要让别人感受到自己的独特，不要让自己的内心受到打扰；时刻看到事情积极的一面，要乐观积极地为自己尽力去争取；坚强的面对生命中地艰难时刻；不怨不怒，无所畏惧地迈开前行的步伐；以宽广的胸怀去主动拥抱未来的成功。

百合花香，在那悄然绽放的瞬间

> 宠辱不惊，闲看庭前花开花落；去留无意，漫随天外云卷云舒。

安然享受生命最真实的姿态就是幸福。

有一个遥远又偏僻的小山谷，那里百花盛开，非常烂漫，有牡丹、玫瑰、丁香等。人们从来不知道，这里还有一株小小的百合，没有人欣赏它，赏识它。百合花在心里暗暗鼓励自己："我要开花，是为了完成一株花的庄严使命；我要开花，是由于喜欢以花来证明自己的存在。"因此，一朵一朵洁白的百合花就这样盛开了……

在那遥远又偏僻的山谷里，百合花默默地贡献着自己的力量，默默地给群山穿上春天的花衣。虽然它的身姿并不美艳，但却深情地热爱着它生长的大地；虽然它的生命力并不顽强，但懂得在有限的生命里展现自己无限的美。因为它的努力，山河才更加壮丽，我们才能闻到沁人心脾的花香，而它自己也成为了山谷一道美丽的风景。

在这个物欲横流的时代，每个人都想自己一生轰轰烈烈的，精彩纷呈，但是，巨大的成功只属于少数人，能青史留名的更是凤毛麟角，绝大多数人只能默默无闻，过着平淡似水的平凡生活。既然如此，何不像百合花一样安于平凡，享受悄然开放时的美丽，何不丢下那份功名心淡泊地享受平凡的生活，宠辱不惊，闲看庭前花开花落；去留无意，漫随天外云卷云舒。

无论是平凡还是辉煌，它们都有自己独特的魅力。

选择平凡的日子，你可以不计较世俗的名利和纷争，远离尘世的喧嚣和是非；可以在春日的暖阳中睡个天昏地暗，也可以在冬日的余晖里抱一本好书读个如醉如痴。平凡的你，可以品味生活的酸甜苦辣，尝尽人生的悲欢离合。假如人生的极致是超越平凡，那享受平凡就是人生的一种境界。

如果说生命是一条河流，那生活就是一叶小舟。当我们驾着生活的小舟在生命这条河中漂流时，生命的乐趣既来自对伟岸高山的深深敬仰，也来自于对草地低谷的切切爱怜；既来自与惊涛骇浪的奋勇搏击，也来自对细波微澜的默默深思。人生的价值就来自于这些伟大与平凡。

有一位学识渊博、阅尽百态的哲学家说过："年少的时候，总觉得人生应该像大海一样波澜壮阔，才不枉走一生。但是经过几十年的风风雨雨之后，才恍然大悟：人生中精彩的事情占5%，痛苦的事也占5%，剩余的90%则全部都是平凡。平凡是生活的本质，我们最真实的姿态就是在平淡中享受生命。"

生活的本质就是平凡，是做人的常态，但是平凡绝对不是平庸。平凡是一种真实和从容，更是一种雍容和品位。我们可以没有功成名就，也可以没有丰功伟业，但我们可以在平凡中实现自己的价值，在平凡中张扬理想的风帆，在平凡中创造生命的辉煌，脚踏实地，认真地度过每一天。

有一位教授谈到自己的经历，他说："我做了多年的教授，有一个现象很奇怪，有一些学生，在学校时并没有很优秀，他们的成绩大多在中等或中等偏下，没有特殊的天分，有的只是安分守己和诚实的性格，不爱出风头，默默地奉献。他们平凡无奇，但是，过了几年甚至十几年，他们都获得了很大的成功，可是，那些本该有着美好前程的孩子却碌碌无为。这是为什么呢？"

老教授百思不得其解，思索良久终于明白：一个人是否能够成功与他的性格有很大的关系，与在学校时成绩如何是没有必然联系的。平凡的人严格自律，踏实肯干，因为比别人更加努力，所以更多的机会就落在这种人身上。勤能补拙，一分辛苦一分收获，成功必然会属于这些人。

因此，我们明白了一个道理：许多奇人奇事也会在平凡中产生的，无穷的大德大能也能在普通中产生。如果你觉得自己没有特别杰出的能力，那就尽可能地试着做一个平凡的人物，学会品味平凡，真诚地享受平凡，持之以恒坚持下去，如此，平凡的生活也能过得充实真切，而你自己也会成为一个了不起的人。

融入银河，就安静地和明月为伴照亮长空；没入草丛，就微笑着同清风染绿地。做一个平凡的人，享受平凡的生活，这未尝不是另一种快乐，也是人生的一种境界。怀抱平凡的心欣赏身边平凡的一切，你总能发现让自己感动的东西，因为，平凡的生活本身就是一个"大师"。

徐先生是一个才华横溢的艺术工作者，对戏剧、音乐、绘画创作都很精通。很多人以为从事艺术工作的人大多生活都很丰富多彩，活得很有滋味。但是，十几年来，徐先生同家人一起隐居山林，过着最简单、最朴素的生活。在他看来，平凡中包容、孕育了一切，平凡的生活是他创作的灵感来源。

比如，每天早上他起床后第一件事就是要查看水源。他沿着水流一路寻去，一直寻到尽头才发现，水源处只有一条极其细小的水流，根本不是我们所想的那种水流湍湍的景象。顿时他就明白了："就像大江大河需要汇集小流一样，创作也需要点点滴滴的积累呀！"早上，他和家人在林间漫步，晚上就和朋友听风赏月，如此，每天都有个愉快的心情，创作自然就有灵感。

在跋涉了一座又一座山，趟过了一条又一条河之后，我们的人生依旧平凡，平凡得如同野外不为人知的百合花，即便如此，我们也要享受这种平凡的日子，认认真真地过每一天，绽放属于自己的美丽，我们的人生会有不一样的精彩。

平凡就如同山野中的一泓清泉，山中人来人往，但没有人在意，只有渴了累了用它解渴洗脸时，你才会发现它的清洌和甘甜；平凡的日子，就像把一小撮龙井投入一口煮满开水的大锅，虽然味道很淡，但是却给人带来甘甜，神清气爽。

不是自己的，就不要抓太紧

> 适时放弃不属于自己的东西，我们的人生就会有别样的风景。

生活中我们经常会听到"千万不要放弃！"这句话。是啊，生活在这个节奏飞快的时代里，大多数人被岁月磨砺得疲惫不堪，甚至不得一刻的休息，他们自始至终坚持自己的信念，都是为了实现自己的梦想。

很多人都明白，原本不属于自己的东西就算真的得到了，自己也不会开心的。从某种角度上来讲，"不放弃"并不是教我们抓住一个目标死死地不放手，这是激励我们坚持下去的话。

某些时候，我们选择放弃也能获得更大的快乐。比如，落叶纷飞，是为了明年的春天更加烂漫；溪水流淌，是为了汇入宽阔的海洋；蜡烛燃尽，是为了给人们带去更多的光明，等等。总之，我们不要认为永不放弃就能获得快乐，并不是这样的，不是自己的就不要强求，否则，我们会失去原本属于自己的快乐。

丘吉尔是英国著名首相，小时候非常顽皮，他总是四处乱跑，结果有一次，在玩耍的时候不小心落水了，差点失去性命。

幸运的是，就在丘吉尔快要丧命之时，一个名叫弗莱明的农民把他救了起来并且送他回家，之后，那个农民就走了。

丘吉尔出身在贵族家庭，家境殷实，他的父亲知道这件事情以后，决定要报答这位恩人，所以，他就亲自驾着马车，来到了弗莱明家里，表达自己对他救命之恩的感谢。

当时，弗莱明正在家里收拾东西，当一辆豪华马车停在他家门前时，他非常吃惊。就在此时，丘吉尔的父亲穿着一身笔挺的西装走下了马车，他给弗莱明鞠了一躬，然后说："您好，我是您救的孩子的父亲，谢谢您救了我的儿子。"

随后，丘吉尔的父亲把丰厚的酬金递给弗莱明，然而，弗莱明却断然拒绝了，他说道："我不能因此接受您的报酬，每个有良心有尊严的人都会那样做，而我的尊严是无价的。"

弗莱明的话让丘吉尔的父亲十分惊讶，心中顿生敬意，不由得打量起这个年轻人。过了一会儿，弗莱明的儿子回到家，见到小弗莱明，丘吉尔的父亲问道："这是您的儿子吗？"弗莱明点点头说："是的！"

看到弗莱明的儿子，丘吉尔父亲想到一个好主意。他对弗莱明先生说："弗莱明先生，不如我们之间做个约定吧，我带您的儿子走，让他接受最好的教育，这样来表示我对您的感谢，您看怎么样呢？"

弗莱明考虑了一会儿，最终答应了丘吉尔父亲的建议。就这样，小弗莱明被带到了丘吉尔的家里，他受到最好的教育。如今常用的青霉素就是他发明的，并且因此获得了诺贝尔奖。而他的父亲，老弗莱明，也为儿子取得这样的成绩感到非常自豪。

老弗莱明放弃了丘吉尔父亲的重金酬谢，换来了小弗莱明学习的机会，从此，改变了儿子的一生。因为在老弗莱明的心里，救人是天经地义的，是自己应该做的，若是因此接受了别人的馈赠，自己心里反而不自在。

假如，当初老弗莱明接受了丘吉尔父亲的酬金，那么，小弗莱明的人生又是怎么样的呢？也许就没有青霉素的发明了。

因此，适时放弃不属于自己的东西，我们的人生就会有别样的风景。

　　每个人的一生都会遇到各种坎坷，只有明智地将不属于自己的东西放弃，我们才能安然度过这些坎坷，我们才能有更好的收获，更好的未来，更多的精彩。愚蠢的人才会在意眼前的蝇头小利，我们要做聪明智慧之人，如此，自己的人生才能更加有价值。

梦想的生活，那么缤纷

不要忘记，在你的心田里播一颗梦想的种子。

很多时候，我们会觉得天地这么大却没有自己的安心之处；时常感觉没有精神，身心疲惫不堪；生活就像一潭死水，无聊枯燥，看不到希望，每天都这样过！为什会这样？没有梦想！没有梦想的人就犹如在迷雾中失去了方向，不知道自己身在何方，对未来充满了无助与恐惧，感到非常迷茫。

这么说一点也不夸张。梦想是什么？梦想是一个人内心里对人生、对自己的一种希望，因为有梦想，我们才会积极努力，奋发向上。梦想在我们精神世界中占的位置是无与伦比的，我们的精神世界也因有梦想更加丰富。一个人若是没有梦想，或者说没有心去追求梦想，他的生活就只是乏味的、空虚的。

哲学大师周国平说过："一个有梦想的人和一个没有梦想的人生活在完全不同的世界里。跟没有梦想的人一起旅行，生活也会变得乏味，明月当空，他们最多说月亮像一个烧饼，根本不会有'明月几时有，把酒问青天'的豪情；苍茫大海，在他们眼里只是一望无际的水，更不可能像安徒生那样想到美丽的海的女儿……"

严肃并且认真地对待自己的梦想，并且要坚持不懈实践自己的梦想，生活才会因此更加有意义、有情调。若是放弃了自己的梦想，追求安安稳稳的生活，只会变得麻木不仁，生活也会黯淡下来。每个人都有自己的想法，有自己的追求。当我们作出决定的那一刻，命运也就注定了！是功成名就还是碌碌无为就看你怎么选择。

我们要善待自己，无论生活多么烦琐，处境多么艰辛，都要给自己编织一个绚丽华美的梦想，并善待自己的梦想，追求自己的梦想，用梦想陶冶自己的情操，润色自己的生活，给灰色的现实加上粉色的底片。只有这样，生活才会充满乐趣，我们的生活也会更加绚烂多姿。

让我们来看这样一个故事：

1965 年，特莱艾·特伦恩特生于津巴布韦，她只上了一年小学就辍学在家，帮着家里做家务，并供哥哥上学。特莱艾有一个梦想，那就是读书。每天哥哥放学，她总是迫不及待地翻看哥哥的课本，帮助哥哥做功课。小学老师了解了这个情况，试图努力让特莱艾返回学校，但是并没有成功。她 11 岁时就出嫁了。

十几年过去了，如今特莱艾已经是 5 个孩子的母亲，她已经 30 多岁，生活依然很贫苦，更糟糕的是她的丈夫是一位艾滋病患者，常常毒打特莱艾。但是，特莱艾并没有放弃受教育的渴望。就在这个时候，特莱艾遇到了一个机会。一个国际救援组织的志愿者团队路过她居住的村庄，她向带头的一位志愿者乔·拉克诉说了自己的梦想。幸运的是，乔·拉克女士并没有认为她的梦想很荒谬，她说："只要你有梦想，你就能实现。"

千里之行始于足下，特莱艾开始为国际救援组织工作，她把钱都攒下来，作为攻读函授课程的费用，终于，她被美国俄克拉荷马州立大学录取。特莱艾经过努力，凑了 4000 美元，最终实现了自己的梦想，进入了理想中的校园。无论是疲惫还是贫穷，特莱艾都克服了，2009 年，她获得了美国西密执安大学哲学博士学位，她现在是国际救援组织的项目评估专家。

从小就不能受教育，只能在家做家务；幼年就嫁人，过着贫困的生活；忍受着身患艾滋病丈夫的家庭暴力，特莱艾在这样的情况下还能有自己的人生追求和梦想吗？但是，就是在这么多的困难下，特莱艾始终铭记自己的梦想，没有放弃受教育的渴望，并且为之奋斗。最终，她得到了改变命运的机会，生活也有了新的开始。

梦想是存在于我们潜意识里挥之不去的感觉，它是深藏在人们心灵深处最强烈的渴望。它像一粒种子，种在心的土壤里，尽管它很小，却可以生根开花。平凡朴实的生活也有它的精彩。坚持自己的梦想，生命也会因此更加美好。

《牧羊少年的奇幻之旅》中有这样一句话："当我真心在追寻着我的梦想时，每一天都是缤纷的。因为我知道每一个小时，都是实现梦想的一部分。路途中，我会发现之前不敢想象的东西，如果我不去尝试那些看似不可能的事，我就只是个牧羊人。"

你多长时间没有梦想了？你还记得你的梦想吗？ 让我们种下一颗梦想的种子，并细心呵护，无论现实多么残酷，我们也不能屈服，更不能放弃。因为，梦想最终会成长为挺拔的参天大树。

　　梦想给我们带来希望和光明，它会洗涤我们的心灵。每一次扬帆起航，难免会有阻挡，只要有梦想在鼓掌，未来就充满着希望；每一次展翅飞翔，难免会受伤，只要有梦想在激励，未来就承载着希望。

找准合适的位置，让自己发光

一个人要明白自己的特点，知道自己应该有所坚持，选择适合自己成长的环境。因为，只有找准自己的正确位置，才能取得成功。

想要让自己发光发热就必须找准自己的位置，这并不是一件容易的事情。因为有些看起来很不错的位置，不一定就适合自己，而要找对自己的位置，是需要将自己彻底认清楚的。认清了自己就能找到适合自己的位置，努力下去就会取得成功。

一天，汤姆森的高中老师找到了他的妈妈："我认为，你的儿子理解能力有限，甚至连孩子都不如，他不太适合读书。"听了老师的话，汤姆森的妈妈很难过但也无可奈何，汤姆森被带回了家。

有一次，汤姆森和妈妈一起上街买东西，当他们路过一家正在装修的超市时，汤姆森看到有个人正在超市门前雕刻一件艺术品，他立刻被吸引住了，一直在旁边仔细地观看。

从那以后，汤姆森的妈妈注意到，儿子只要看到像木头、石头这样的材料就会仔细琢磨，然后再认真地打磨和塑造它，直到雕刻到自己满意为止。为此，妈妈因为担心儿子玩物丧志耽误学业而非常着急。

汤姆森依旧不爱学习，这令他妈妈很失望，当然也就没能考入大学。此时，在妈妈眼里，汤姆森彻底地失败了。汤姆森虽然很难过，但是他依然决定到异国他乡去追求自己的梦想。

几年时间过去了，汤姆森艰苦奋斗，终于成为了一位著名的雕刻大师。此时，他的妈妈也终于明白了："我的儿子并不笨，只是当年我没有帮他找准适合他的位置。"

汤姆森的亲身经历告诉我们：找准适合自己的位置才能取得成功，有很多人也很勤奋，但是依然失败了，这是因为他们没有找到自己的正确位置。

有句话是这样说的："每个人都要知道自己希望做什么，应该做什么，必须做什么。"人生漫漫，最重要的就是要找准自己的位置，一旦重新确立了自己的发展方向，此时的放弃就是极为明智的。总之，一个人要明白自己的特点，知道自己应该有所坚持，选择适合自己成长的环境。否则，如果一直不能找准自己的正确位置，一生也就很难取得成功。

　　生活中，我们总会听到这样的劝告：只要坚持努力的方向，最终就会成功。但是，事实往往并不如人意。其实，汗水也洒过了，辛勤也付出了，努力也坚持了，失败的原因在于我们没有找到自己的位置，也选错了努力的方向。

自己耕耘自己的田地

　　专心耕耘属于自己的这块"田地"，无论怎样狭小的"田地"，我们也能脱颖而出，再不宽阔的里也会硕果累累。

　　古时候，有一座寺庙，一年春天，师父将自己的三个弟子叫到跟前，给他们每人分了一些种子和土地，叮嘱道："现在，你们就去种地，到了收获的季节，谁的作物长得最差，我就会惩罚他。"

　　三个弟子都按照师父的吩咐去做事。春天过后，大弟子的地里长出了玉米苗，二弟子的地里长出了麦苗，而三弟子的地里看上去却什么都没有，两个师兄心想："师弟这么懒，师父一定会惩罚他的。"

　　他们认为，输的一定是师弟，所以他们就不那么及时地给田地浇水施肥，总是偷懒，地里的庄稼也因此荒芜了。

　　秋天到了，大弟子地里的玉米穗子大多都是瘪的，二弟子地里的麦子长得也较差，三弟子收获的番薯又大色泽也很好。最后，师父对大弟子和二弟子意味深长地说："种地和修佛一样，要想得到好的结果就必须一心一意，你们懂了吗？"

　　简单的故事蕴含着深刻的哲理：专心耕耘自己的田地，这样才会有收获。如果大弟子和二弟子一心一意地种地，最终一定也会像三弟子一样，收获累累。但是，这两个人只顾看师弟的笑话，放松对自己的要求，最后成为了受罚之人。师弟从一开始就在自己的田地里专心耕耘，师父也最终认可了他。

　　有这样一个故事：

　　春天到了，猴子和乌龟都忙忙碌碌的。

　　猴子想：一份耕耘一份收获。今年我多卖点力气，多种点瓜果，像那些辛勤的农民一样，每天在田里播种、浇水、施肥，就一定会有好收成。于是，猴子就种了几亩地的西瓜和桃子。刚开始的时候，猴子每天都去地里检查那些西瓜和桃子。

乌龟也像猴子那样忙忙碌碌了。它凭借祖先赛跑冠军的资源优势，顺利地创办了一个"老乌龟赛跑培训中心"，与此同时，还将当年"龟兔赛跑"的老照片作为该培训中心的广告。许多小动物被这幅广告吸引过来，之后，它们的孩子也被送到培训中心来培训。

小蜜蜂们也在这个时候成群结队地到处忙碌，每天都紧张地进出，采集花粉花蜜，想着早点酿出香甜的蜂蜜。

此时的小猴子呢，就开始几天还比较上心，认真打理它的田地，没过几日，它就不耐烦了，整日贪玩，最后，小猴子种的作物没有一棵活下来。

乌龟的培训中心也只热闹了一段时间，收效不大，很快，它就停止了运营。这样一来，培训中心的学员们不光没有任何进步，个个跑起来还像乌龟那样慢慢悠悠的，家长们看到孩子们这个样子，愤怒地一纸诉状将乌龟告了，乌龟就这样倾家荡产了。

秋天到了，在这个丰收的季节里，老农的田地里瓜果飘香。小蜜蜂们也正拍打着轻快的节拍，唱着动听的歌谣，通过它们的努力，成功构建了一座美丽的宫殿，它们飞来飞去的，准备在这里度过欢乐的假期。

最终老农收获到了香甜的瓜果，小蜜蜂构建了自己的宫殿，因为老农和小蜜蜂每天都辛勤地耕种，所以才有这样的收获。这也是他们应得的。这样他们完善了自己，也体现了自己的社会价值。

细心的人会发现，凡是成功者都在自己的"田地"里一心一意，辛勤地耕耘着、付出着，如此坚持不懈地努力，踏踏实实地奋斗，最终会获得成功。许多中外成功的人都是如此。

因此，无论自己的"田地"多么狭小，我们都不要抱怨，也不要妄自菲薄、看轻自己，只要在正确目标的引领下，专心耕耘属于自己的这块"田地"，无论怎样狭小的"田地"，我们也能脱颖而出，再不宽阔的"田地"里也会硕果累累，人生的成功与辉煌就会到来。

　　俗话说："一分耕耘，一分收获。"诚然，有时我们感觉一腔热血付空流，真心的付出得来的只有心痛的感觉和对一些人和现象的失望，难免有心痛的感觉。可再一想想，也许是我们付出得不够多，或者付出的方式不对，或许我们根本就不懂得如何去付出呢？其实，付出就一定会有收获，哪怕仅仅是收获快乐的感觉，因为付出本身就是一种幸福。

尖锐的批评，不要念念不忘

批评是对我们某些行为的否定和阻止，我们每个人都不是完美的，所以，我们应该正确地看待批评，不能把批评当成是对自己的伤害而铭记于心。

无论是多么刻薄的批评，都不要一直记着。

巴特勒是英国海军陆战队足智多谋且充满传奇色彩的少将。他说："我在年轻的时候渴望出名，希望每个人对我有好印象。那时，稍微有一点批评都会令我心里很难过。不过30年的海军陆战队生活使我豁达多了。我曾被人骂得像条狗、蛇或臭鼬，还曾被专家诅咒过。所有词汇中最难听的都被用到我身上过，现在没有人骂反而不习惯了。"

对待批评，巴特勒的态度或许太敷衍，而我们大多数人又太重视了。

曾经，一位纽约《太阳报》记者来参观卡耐基的成人辅导课，然后写了一篇报道，大肆攻击卡耐基的工作和卡耐基个人。卡耐基觉得这是对自己的侮辱，于是气急败坏地给《太阳报》的执行委员会主席吉尔打电话，要求对方刊登一篇文章澄清事实，消除那篇嘲讽的评论对自己的影响，并发誓一定要惩罚那个记者。

但后来，卡耐基对当时的行为感到十分惭愧。因为他后来意识到读到那篇文章的读者也许连一半都没有，即使看到的一半读者也未必把这篇报道当回事。很多读者很快就会把这件事忘得一干二净。

他很快就明白：每个人从早到晚都在关心自己，没有人会真正地关心别人，他们有一点不舒服就会着急。

生活中，我们可能会被捉弄或者被出卖，甚至是被最亲密的朋友背叛，就算这样，我们也不要坠入唉声叹气的深渊。

既然，不公平的批评是躲不掉的，我们所能做的就是，尽量让这些批评对自己的干扰少一些。

需要指明的是，并不是所有的批评我们都要忽视，那些恶意的刁难我们不理会就行了。

有人向罗斯福总统夫人请教，她如何看待恶意刁难——当然许多人心知肚明她受尽了这类责难。她是白宫的女主人，也是拥有朋友和敌手最多的人。

她说她小时候非常害羞，很在意别人的不好听的话，害怕别人批评她。有一天她向罗斯福总统的姐姐请教，她问："我有很多想要做的事，可是我又害怕别人说我。"

罗斯福总统的姐姐凝视着罗斯福夫人，对她说："只要你自己问心无愧，相信自己，别人的看法就不要太在意了。"罗斯福夫人说，在白宫中，那句话一直是她的精神支柱。她说："做你问心无愧的事——因为反正会受到批评的。什么也不做跟做自己要做的事都是一样的可能被骂。"

有位记者曾经采访了美国华尔街国际公司的总裁布鲁士，当问及他对别人的批评是否敏感时，他说："年轻的时候对别人的批评很敏感，我希望全公司的人都认可我，承认我是完美的。如果他们不承认这点，我就会很烦恼。为了取悦一部分人，我得罪了另一些人，最后，大家都对我有意见了。最后我无奈地发现，越是为了避免别人对我个人的批评，我需要安抚的人就越多，同时得罪的人也越多。我只有安慰自己：'既然我坐在领导这个位置，批评是免不了的，一切顺其自然！'这对我很有用，从此之后，我树立了一个原则：凡事尽力而为，做自己认为对的事情，别人的批评不放在心里，否则只会让自己不开心。"

迪姆·泰勒是美国著名的作曲家，他有更加超脱的态度，不但不会受到闲言碎语的伤害，还能在公众面前一笑了之。他在周日下午的电台节目中作音乐评论时，有个女人写信给他，侮辱他为"骗子、叛徒、毒蛇、白痴"。他在他的自传《人与音乐》中提到这段往事："我以为她只是随意说说的，因此，在第二周的广播中，我向所有的听众念出这封信，没过几天，我仍然收到同一个女人的来信，她坚持她的恶意态度，还骂我是骗子、叛徒、毒蛇与白痴。"对于别人的攻击，泰勒的处理方式让人敬佩，他的真诚，从容以及幽默值得我们学习。

林肯是这样对待那些恶意中伤的："想要结束一件事就要忽略那些诽谤。我问心无愧尽力而为，我将继续如此直到生命的最后一刻。结果，若我是对的，所有的流言都没有意义；若我是错的，就算有再多的人拥护我，又有什么意义呢？"

　　从某种意义上说，一个人倘若对批评的包容度和宽容度愈大，那么这个人的精神境界也就愈高。年轻人要工作，要奋斗，就不可避免地会犯这样那样的错误，当然受到批评也就在所难免。作为一个积极上进的热血青年，我们不仅要从善如流，正确认识批评；更要虚怀若谷、善于接受批评。我们要从批评里找到有价值的东西，从批评里提高承受能力，在批评中越来越成熟，在批评中成长、进步。

播下快乐的种子

> 有一个非常吝啬的富翁，尽管每天他都过着富足的生活，而且还有一大群人供他使唤，但是，他觉得生活并不美满，没有办法快乐地生活。

有一天，一个商人来到一个寺庙，他问禅师："我有这么多钱，不缺吃，不缺喝，每个人都十分尊敬我，为什么我还是没办法快乐起来？"

禅师请他站在窗子前面，问他看到了什么。

商人说："街上来来往往的人。"

禅师又让商人照镜子，又问他看到了什么？

商人疑惑不解地说："我自己。"

禅师说："同样的玻璃做成窗户和镜子，透过窗子可以看到他人，而镜子因为涂抹了一层水银，因此你只能看见你自己。你试着擦掉镜子上的水银，看到其他人，快乐就会来到你身边。"

因此，让自己快乐起来并不是一件难事，因为自己掌控着自己的快乐。其实，我们的心灵就犹如一个灵活的遥控器，将它调整到哪里的遥控器就掌握在我们手里。

打个比方，每个人都在自己的田地里不停地播种，不同的是，我们播种的种子是不一样的，如果我们播撒的是忧伤，那么收获的将是痛苦；如果我们播撒的是快乐，幸福就会如影随形。

有一头驴子不小心掉进了废弃的井里，这口井深不见底，老驴不可能从井里爬上来的。他的主人觉得它太老了，没什么用了，心想："不管了，是死是活看它自己吧。"

开始，老驴已经放弃了活着的希望，不仅因为这绝望的处境，而且很多人把垃圾倒到井里，它所处的环境更差了。

本来，遇到这样的情况，老驴应该很绝望，每天抱怨主人不救自己，自己倒霉掉到了井里，本想自己也许就死在这里了，而且，那么多又脏又臭的垃圾在身边。

有一天，老驴突然就不再那样想了，它每天都把垃圾踩到自己的脚下，从垃圾中找到些能吃的东西活下来，再也不会让垃圾把自己淹没。

可想而知，垃圾越堆越高，老驴终于回到了地面上。

罗兰说过这样一句话："我们每个人之所以会觉得快乐，是因为心灵上没有任何负担，从一开始就在心灵的田地里，播下了快乐的种子。"

无论什么时候，我们的心态都要积极平和，不管现实多么的不如意。在幸福的田里，先要播下快乐的种子，这样，压力才能变成我们前进的动力，成功才会属于我们。

做好身边的事情，对明天怀着美好的希望，这是我们拥有快乐心情的源泉。当我们因为学习成绩、赛跑成绩、工作业绩等等，在内心感到欣慰时，或者在生活中有所期待时，我们自然会有一种轻快愉悦的心情。

假如，我们沉浸在对物质无止境的追求中，我们就很不容易得到满足，重视当下，满足现在，快乐就随处可得；对没有到手的东西急切期盼会让我们更加烦恼。

拥有财富的多少并不是快乐的砝码，得到的多少也不能成为判断快乐与否的标准。宁静的快乐来源于放下贪欲，对简单质朴生活的追求。

在现实生活中，很多人总是在抱怨：月薪没有增加、职位没有升迁，等等，每天心事重重一副愁眉苦脸的样子，时间长了就会更加痛苦。若是一直这样不知足，快乐的生活是永远都不会实现的。

　　每个人的一生都很短暂，因此我们每个人都要看到自己生活和工作中获得的一面，快乐地生活比整天抱怨值得多了。要知道，你播下了快乐的种子就一定能够收获幸福的果实。所以说，我们要学会平静地接受现实中的一切：快乐悲伤、好的坏的，都要用一种坦然积极的心态面对。这样，我们每天都会感觉快乐就在身边，生活也会充满阳光与美好。

让梦想和智慧的生命之泉不断流动

> 梦想和智慧的河流在我们每个人的身体里流动，它们是支撑与驾驭我们整个生命的活泉水，可以说，我们的成功与快乐都是它们带来的。

假如我们每个人的脚下是平川，那么梦想就是我们所要站的高度。只有离开了平地才能往新的高度进发；梦想就是我们前行路上的一盏指明灯，虽然有许多的坎坷在等着我们，但是，只要我们不畏艰辛，努力坚持，成功一定是属于我们的。

我们的头脑中原本固有着一种觉知，它就如同一根指挥棒，每天都指挥着我们的头脑，我们会对遇到的各种状况作出直觉性的反应，这些都是源于我们的智慧。

我们的生命历程中缺少不了梦想和智慧。电影《洛奇》中，30岁的洛奇是电影的男主人公，他的故事发生在美国东部费城的一个贫民区。洛奇身材健壮，很有力气。他不光是一黑社会组织的小喽啰，还是一名非职业的拳击手，他经常充当拳手，甚至连续打4场的情况都出现过，只是他从来没有得到过应得的报酬。

在比赛的舞台上超越自我是洛奇心里的梦想。

一个偶然的机会出现了，美国重量级黑人拳击冠军阿波罗·克里德的对手由于受了伤不得不退出了比赛。比赛的主办人想了想决定让洛奇顶替。

为了庆祝美国建国两百周年，专门设立了该项比赛，胜出的人可以获得15万美元的巨款，这样一来，处于贫困状态的三流拳击手洛奇一下子就成为了各大媒体竞相采访的对象。洛奇自觉不可能取得胜利，他认为，只要能和世界冠军打15个回合而自己不被彻底击倒，这样的结果自己就算取胜了。

洛奇坚定了自己的信念，接下来，他抓紧时间严格训练自己的技能。

洛奇勾拳很好，因为他是个左撇子，相比之下，他的右手就差多了。在教练米基的悉心指导下，洛奇终于练出了一套新的拳路，他本人在朋友波里和女友艾黛丽安的鼓励下也十分的自信。

比赛那天，洛奇斗志昂扬，很快和阿波罗·克里德打得死去活来。对方总是刻意地戏弄洛奇，虽然被打得遍体鳞伤，洛奇依然很冷静，终于，他坚持了15个回合，赢得了自己的胜利。

洛奇获得了巨额的奖金并且成为人尽皆知的大人物。

梦想终于实现了，洛奇战胜并且超越了自我。实际上，这部电影更多地反映的是：人人都有梦想，关键还是要将机会牢牢地握在手里，依靠自己的努力慢慢地实现，只有这样，我们的人生价值才能得到体现。

山田本一在1984年的国际马拉松邀请赛上获得冠军，这个结果让所有的人都感到意外。当记者采访时问他："你是靠什么取得这么令人惊奇的成绩"时，山田本一仅说了一句非常简单的话："我战胜对手靠的是智慧！"

有很多人会认为山田本一是运气好才获得冠军的。因为马拉松比赛不同于其他类比赛，它是考验体力和耐力的一项运动，如果身体素质好，再加上具有很强的耐力，那就有很大的希望夺得冠军。而山田本一将其归功于智慧，这个理由让大家听起来觉得很牵强。

过了两年，意大利国际马拉松邀请赛在意大利北部名城米兰举行，山田本一代表日本参赛。让人意想不到的是，他竟然又一次获得了世界冠军。当媒体再次问其取胜的秘诀的时候，山田本一依然说了与上次同样的话——用智慧战胜对手！但是，这次媒体并没有挖苦他，只是对这个答案表示非常困惑。

10年的时间过去了，在山田本一的自传中这个谜底才解开，他写道："每次比赛之前，我都要乘车把比赛的路线仔细地看一遍，画下路上比较醒目的标志，比如第一个标志是银行，第二个标志是一棵大树，第三个标志是一座红房子……这样一直画到赛程的终点。比赛开始后，我就以较快的速度奋力地向第一个目标冲去，到达后，我又以同样的速度向着第二个目标冲去。40多公里的赛程，就这样被我分解成了几个小目标，轻松跑完了。一开始，我并没有明白这个道理，我的目标是终点线，结果我跑到十几公里时就疲惫不堪了，前面的路程把我给吓倒了。"

我们从山田本一的成功中明白，即使有再多的坎坷，我们也不能轻易地望而却步，因为每个人的身体里都流淌着智慧，我们需要动用精力在意识上开启它，让智慧为我们一路保驾护航。

现实生活中，我们在大多时候都会半途而废，因为我们精神的倦怠，导致了失败，这就是根本的原因。如果我们拥有山田本一哪怕一点点的智慧，我们的人生就会少很多惋惜与后悔。

庄子曾经说过这样的话："吾生也有涯，而知也无涯 。 以有涯随无涯，殆已！"这句话可以理解为：知识是无限的，生命是有限的，如果我们将毕生的精力用于追求这些知识，就不如仔细地关注一下自己的意识，将自己的智慧发掘出来，做一些能够发挥自己生命价值的事情。

放飞梦想，让我们离成功再近一点

> 梦想比大海还要深沉，比天空还要宽广，比彩虹还要绚烂，想要更加接近成功，我们就要放飞自己的梦想。

有人说，在这个世界上，最美的东西是大海；有人说是天空；还有人说是彩虹。其实，这些都还不是最美的，最美的东西是我们心中的梦想。因为，梦想比大海还要深沉，比天空还要宽广，比彩虹还要绚烂，想要更加接近成功，我们就要放飞自己的梦想。

曾经有一只鸟，它在天空中自由地飞翔时自言自语道："我一定要赶上那朵白云，它就是我的目标！"

这只鸟下定了决心，整理好自己的翅膀就用力往前飞，然而，那朵白云却像跟它开玩笑似的忽而向东，忽而向西，没有确定的方向。有的时候突然会停下来蜷缩着打漩涡。有时又突然慢慢地展开，就好像一个骄傲而懒惰的妇人一样，将自己裹在被子里，同时还伸着自己的懒腰。突然，一个没注意，那朵白云就不见了，怎么找都找不到了。

看到这样的情况，这只鸟坚决地说："这可不行，我不能把白云当成我的目标，我应该大胆地放飞我的梦想，将那些巍峨矗立的山峰作为我的指向标。我在那些坚固而巍峨的高山上飞行，成功离我就会更近，将来我也会更加勇敢，更加坚强。"

这只鸟就这样越飞越远，因为它放飞了自己的梦想。

有位作家曾经说过这样一句话："我在世间行走，梦想是唯一的行李。如果你想人生美好一点，快乐一点，就该紧握梦想，坚持你期盼成功的心！"的确，如果一个人没有了梦想，天空就不再明朗；如果一个人没有了梦想，大地就不再宽广；如果一个人没有了梦想，就不能取得成功。总之，梦想就像一颗种子，只要我们细心呵护培育，我们就能收获丰硕的果实。

梦想就像是一缕清风，每当我们感到困惑的时候，它就会将我们的大脑叫醒，带领我们继续驶向成功的彼岸；梦想就如同一滴清晨的甘露，每当我们失去希望的时候，它就会将我们的咽喉润透；梦想就如同黑暗里的一盏灯，每当我们找不到光明的时候，它会照亮我们前进的道路。所以，我们要放飞自己的梦想，用心呵护它，不要害怕任何困难努力向前，成功就会离自己越来越近。

但是，脱离现实的梦想是不切实际的，如果我们不考虑自身的实际情况，只是每天一味地空想，梦想就永远只是个梦，永远不能实现。所以，我们要亲手浇灌培育自己的梦想之花。

有一个天生跛脚的男孩，有一次，他看到了一幅金字塔的画，金字塔的雄伟深深吸引了他，于是他问父亲："金字塔在哪里呢？"父亲回答说："那是你永远也去不了的地方，你还是别问了。"

年迈的老父亲在20年之后收到了一张照片，照片上的背景则是20年前同样雄伟的那座金字塔，他的儿子满脸笑容地挂着拐杖站在金字塔前面，照片的背后还写着："没有人的人生能够被保证。"

父亲非常激动地看着照片，原来跛脚的儿子在很早以前就已经有了这个梦想，他用自己的行动证明他能够到达那个地方。

生活中，只要我们有了梦想，一定要坚持下去，相信自己能够实现它，努力踏实地去奋斗，最终，梦想是会实现的。如果这则故事中的儿子对想看到金字塔的愿望只是想想而已，那么，他的这个梦想是永远不能实现的。

在我们身边，有很多人都是碌碌无为的，他们没有自己的梦想，没有想要奋斗的目标，甚至还整天抱怨老天没有赐予自己最好的机遇。究其原因在于，连自己都没有梦想又谈何前进的动力呢？像这种人，每一天都过得不明白，只能是对生活有无穷的的抱怨与无奈。

　　总之，一个人若是没有梦想，或者有梦想不去实现，他的内心就会充满绝望和恐惧，因此，只能自暴自弃，生活也是平庸乏味的，更别提成功了。

　　放飞自己的梦想，我们才会看到将来的希望；放飞自己的梦想，迷茫和彷徨才会远离我们；放飞自己的梦想，成功才会离我们越来越近。生活中，我们豁然开朗的时候就是发现自己梦想并且懂得放飞它的时候，尽管梦想在开始的时候会显得十分模糊，但是，我们越努力，梦想就会越清晰。

大胆探索，大胆尝试

　　每个人都有自己的习惯，只有打破那些旧的习惯，大胆探索，勇敢尝试，我们的所有潜能才能发挥出来，才会有崭新的未来迎接我们。

　　一件事情还没有尝试就说放弃，可以说是人一生中最大的悲哀。有些事情，从表象上来看，也许很难，并且不可能会实现，但是只要我们大胆探索、大胆尝试，付出自己的辛苦和努力，也许你会收获意想不到的喜悦和成功。其实，有很多更加理想的生活方式潜伏在我们身边，我们不敢冒险，习惯了畏畏缩缩，因此，一直没能过上理想的生活。说到底，也只有那些敢于探索的人才能发现新的生存方式。

　　有很多人在现实面前不肯做任何尝试和努力，让思想和行动都安于现状，就算是在竞争中也不会有任何的危机感，这样的人一辈子也不会有什么作为。反之，那些勇于探索、勇于尝试的人善于展示自我、善于冒险，最终会取得自己的成功，体会到人生最大的快乐。

　　有一个农夫，他的庄稼里什么也没有种，有人问他："你的地里种麦子了吗？"农夫回答说："没有，因为我怕麦子会干旱而死。"这个人又问农夫："那你种棉花了吗？"农夫回答说："没有，我担心棉花会被虫子咬。"这个人接着问道："那你的地里种了什么？"农夫回答说："什么也没有，只有这样土地才能安全。"

　　在我们身边有很多像农夫一样的人，因为担心可能会出现的困难而不敢冒险，哪怕自己的生活是多么的平庸，哪怕自己的生活是多么的无聊，他们也不敢去进行任何尝试。他们不知道，只有敢于探索、敢于尝试的人才会获得成功。

　　每个人的一生都不可能绝对地安全，如果说丰裕的物质能够代表安全，那么，当你有一天早晨睡醒了之后，你所拥有的财富会顿然消失。事实上，只有自己的内心安全才是真正的安全，那些没有尝试之前的不安与担心需要依靠这种安全来消除。

比方说，我们会感觉买了房子安顿下来就是安全的；公司发展好，工作稳定就是安全的；自己有着不变的生活方式，活得平静而坦然，此时的我们感到是安全的，等等。然而，在我们感到安全的同时，也有很多的不安全因素在其中隐藏着，通常，这种不安全的因素我们并不去考虑，不敢探索尝试，宁愿安于现在的状态。

满足于现状，害怕探索、尝试新的领域，我们身上的激情就不会被激发出来。这样一来，我们便不会轻易去冒险，轻易去打破常规，当然这样会使我们少遇到一些打击和挫折，只是，不做任何探索和尝试，我们就永远不能进步，永远只能原地踏步。

勇于探索和尝试不仅可以为我们带来新的体验和感觉，同时还能让自己不断进步，不断完善。因此说，我们对生活和工作不要提前用框框"框"起来，也不要有不必要的担忧和恐惧，而是应该切实规划好行动方案。无论是工作还是生活，如果我们不去探索，一定不会有新的收获。所以说，要想打造一个美好的未来，就需要我们勇敢地打破常规，打开心灵的枷锁，敢于探索，勇于创新，迈向新的人生道路。

大胆探索、尝试需要我们怎么做呢？怎么才能改变自己的生活方式呢？我们怎样才能一直进步呢？这里有一些有效的参考方法。

第一，多多地尝试一些新奇的念头和想法。在现实生活中，其实在每个人的内心深处，都期盼着脱离安逸，改变自己旧的生活方式，重新开启一种新的生活方式和理念。那么，此时此刻，将自己的离奇想法实践起来，做和别人不一样的事情，或者选择一些和自己的气质性格很搭调的事情；或者根据自己的阅历选择做与自己的性格明显唱反调的事情；或者选择一些他人无法想象的事情去做，如此等等。

第二，自我教育是我们必须学会的。有的时候，我们的安乐窝也许会保护我们免受预料中的危险。也许，事情并不是我们所想象的那么糟糕！此时，不妨做一些相关调查，因为我们的恐惧和忧虑可以被这些重要数据打消。或者在网络上进行某项调查，或者选择看看书，或者去浏览老同学的博客，问问一些和你有相同经历的人。这样做，不仅能让我们摆脱消极的情绪，而且，很多宝贵的意见也能从中得到。

第三，敢于和自己内心的恐惧做斗争。只有战胜了自己的内心，恐惧才会掉头离去。有时候，我们所处的这个窝如果过于安逸和舒适，反而会让我们跌入一种恐惧的深渊，在面对问题的时候会更加地害怕。最好的解决方式是，自己渐渐地摆脱这种安逸的生活，直到厌恶这样的安逸，让自己的日子过得舒服。

第四，让那些积极的思想存在脑海中。如果我们每个人都能够意识到这一点，无论我们在此之前的想法是怎样的，它都能帮助我们逃离现有的那种安逸。首先，我们必须拥有积极的内心，打消那些消极的念头：也许真实的情况并没有像我们夸大的那样不好，换个角度，情况也许就不一样，如此，我们的兴趣与爱好也会得到激发和培养。

第五，要在自己的内心有一个新的认知。这种方式不仅可以拓宽我们的视野，而且还能增加我们的知识量。挑选一些对自己来说比较陌生的书籍去读，关注一些热门的但之前没有关注过的话题，上网浏览从前没有注意过的东西，等等。

第六，和自己的好朋友保持联系。因为无论做任何事情，有朋友在自己的身边鼓励自己，事情往往会发展得更好，这就是团结的力量，比如，你选择和好朋友或者闺密一起去做最为冒险性的事，你会因为他们在身边而更加地勇敢的。

　　我们要敢于打破习惯，在新的领域大胆地探索尝试，只有这样才能进步，才能获得成功。相反，如果我们每个人都具有这种探索和尝试精神，那么，成功必定会离我们越来越近！所以，从现在开始，勇敢探索，大胆尝试吧！

尘埃中开出幸福的花

只要内心觉得幸福，就算是清贫的日子听着风吹的声音也会觉得幸福。

等到有了钱一切就会好起来。有了钱能买到好吃的、好穿的、好住的，就能提高生活的质量，到时候就幸福无忧了。你是不是也经常一边忙忙碌碌奋斗，一边这样安慰自己？但是，拥有幸福就真的跟拥有金钱有必然关系吗？并不是这样的，不是只有富贵了才能幸福。

有一个这样的故事。

有一个拥有百万资产和豪华住宅的富翁，但是他时常觉得生活痛苦，因此寝食不安，闷闷不乐。他觉得一切都只有在他更有钱以后才能好起来。

一次，富翁到乡下旅游，他看到一对做豆腐的穷夫妇，他们家徒四壁，从早到晚不停地忙绿，不停地做豆腐、卖豆腐，但是他们脸上常常挂着微笑，孩子们也在笑声中玩耍，贫寒的家境并没有让他们不高兴。

对此，感到十分奇怪的富翁不解地问："为什么你们并没有因贫困的生活而不开心呢？"这个女人放下手中的活儿，回答道："虽然我们很贫困，但是我们一家人可以整天在一起劳动，父老乡亲可以享受我们的美味食品，我们又可以交到很多的朋友，有什么不开心的呢？"

女人的话让富翁惊诧不已，他思考了很久……

故事里，百万富翁和乡下仅能温饱的夫妇在物质上显然不成比例，但在精神的愉悦上，富翁并没有那对夫妇幸福。由此可见，幸福与一个人所拥有的物质财富的数量不能划等号，因为幸福和心态有关，幸福的成本很低！说到底，对生活的认同和心灵上的感受才是真正的幸福。

只要内心觉得幸福，就算是清贫的日子听着风吹的声音也会觉得幸福。孔子曾经夸赞他的弟子颜回："贤者回也，一箪食，一瓢饮，在陋巷，人不堪其忧，回也不改其乐。"住在一个小地方，而且十分破烂，厨房只剩下一点吃的，一点水，要是别人早就担忧得焦头烂额了，可颜回依然十分开心，所以，他是真正幸福的人。

幸福跟有没有钱没有必然的关系，如果一定要给幸福加上成本，那么低成本的幸福往往更让人快乐。低成本的幸福生活，未必不是没有质量的。所谓低成本幸福，就是知足常乐、笑逐颜开，用平常心观平常事，在不起眼的生活中寻找幸福。在我们平常的生活里，那些追求低成本幸福的人，他们的幸福感都是在不被人注意的小地方。

在亚马孙河流域的热带雨林里，整个林子被高大茂密的树木遮挡得严严实实，有一种藤本植物就生长在这树荫下，一生都很难见到阳光。但就是这种植物练就了一种特殊本领：它们能抓住从树缝里透射进来的一点点阳光，瞬间开出绚丽的花朵！我们的人生也需要这种本领，哪怕是缝隙里透过来的一点点"阳光"，我们也要彻底绽放自己的幸福。

感受幸福的平台是随处可见的，眼前的一山一水、一草一木、鸟语花香，生活中的人情世故、家庭的天伦之乐，等等。清人石成金的《莫恼歌》说出了低成本幸福的本意："莫要恼，莫要恼，明日阴晴尚难保。双亲膝下俱承欢，一家大小都和好，粗布衣，菜饭饱，这个快活哪里讨。富贵荣华眼前花，何苦自己寻烦恼。"

德永昭广是日本著名作家、喜剧泰斗，他的成长故事也值得我们品味。

第二次世界大战结束以后，年仅8岁的德永昭广因为生活的变故被寄养在乡下的外婆家。外婆家十分贫穷，德永昭广喜欢运动，外婆建议德永昭广练习跑步，因为没有多余的钱购买体育用品。

跑步是不用花钱的。德永昭广成为运动会的赛跑明星也是因为这个原因。

为了让生活继续下去，外婆在家门外的小河里横着放了一根木头，用以拦截上游漂浮过来的各种物品，像穿破的衣物、不够规格的蔬菜、畸形的水果、烧火的树枝，等等。用外婆的话来说，这是她家的超市。每当上游漂下来很多东西的时候，看着这些战利品，德永昭广和外婆都会为这意外的收获而欢呼雀跃。有时候，外婆也会自嘲地说："难道今天超市不上班吗？"此时，木头就什么也没有拦截到。

在与外婆生活的 8 年期间，德永昭广从乐观开朗的外婆那里学到了很多，无论遭遇怎样的困境，他都能够微笑面对。他在他的喜剧表演中融入了他真实的生活，以精湛的表演将快乐传播给了众人，终于，他成了世界著名的喜剧演员。

在日本战后那段物质极度匮乏的日子里，外婆用信念和智慧将生活打理得温暖而光亮，德永昭广也从中学会了幸福和快乐都是在平凡中找到的，要用自己的真心去展现真诚的笑容。

在日本，德永昭广的故事人人皆知，相信每一个中国人也会从中得到有益的启示。的确，贫穷的生活也可以是幸福快乐的。而且，没有风险的幸福就是这种低成本的幸福，是一种实实在在触手可及的幸福，这种精神财富对于每个人来说都是很难得的。

每个人都需要幸福，想要在平凡的生活中活出幸福的味道，我们必须得学学亚马孙河流域热带雨林里的藤本植物，有一点点阳光就尽情地灿烂。不要等到拥有了公司、拥有了亿万身家、拥有了私人豪宅，你才觉得是幸福的。降低幸福的成本，怀抱幸福的心，你会发现，生活中处处有幸福。

　　一碗鸡蛋面就能饱腹的惬意就是幸福；拉着爱人的手走进电影院看一场电影就是幸福。假如你认为旅游是一种幸福，那么在没有足够的经济支持或囊中羞涩的时候，上网看世界风光的图片也是可以一饱眼福的。幸福的成本是多低呀！抓住生活中的每一刻好好享受吧，幸福并不像你想象的那么昂贵。

第四辑
找到心灵的归宿

　　无论是在繁华喧闹、车水马龙的都市，还是在偏僻宁静、人烟稀少的乡村，总有这样一部分人，或郁郁寡欢，或强颜欢笑，但都无法掩盖他们内心的孤独，无法派遣的孤独，加上尘世的喧嚣，使得他们的心绪烦躁不安、焦灼不已，愈发渴望寻找到一个幸福的港湾，给灵魂一个归宿。因为，假如心有所属，即使再强大的孤单，也终将被内心的炽热所融化。

拿得起，更要放得下

拿得起，实为可贵；放得下，才是人生处世之真谛。

有一个人，每天都生活得很累，没有丝毫的乐趣可言。于是，他去找一位德高望重的哲人请教这个问题。

哲人把一只竹篓放在他的背上说："从现在开始，你背着它上路吧，每走一步都要从路边捡一块石头放在里边，然后再向我谈一下你的感受。"

尽管那个人对此大惑不解，可还是按照哲人交代的去做了。令他意想不到的是，他刚走出几百步就已经感觉沉重不堪了，这时，背上的竹篓里已经装满了石头。

此时，哲人说道："你知道自己为什么不快乐吗？因为你背负的东西太沉了，它压住了生活中所有的愉悦感，所以你无法快乐起来。"

说着，哲人就将石头一块一块地从竹篓里取出来，说："你看，这块如同功名，这块如同利禄，这块如同狭窄的心胸……"果然，当哲人将石头卸出一大半的时候，那个人非常轻松地背起了竹篓重新上路了。

这则富有禅意的故事告诉我们：每个人都要尽力做到心胸宽广，思想开阔，无论遇到什么事情，拿得起，放得下。只有这样，才能让自己的内心保持一种轻松的状态。

有时候，我们会在日常生活中酝酿出很多不良的情绪；有时候，我们会在工作中有不小的压力，不管是哪一种，我们都要学会通过心理疏导和轻松减压的方式，将自己的心态调整过来，也就是说，当心里开始抱怨别人，对别人感到愤懑的时候，必须将自己的心放下、放平、放空。否则将有害于我们的身心健康，甚至还会造成一些不可挽回的错误和遗憾。

在一堂心理课上，讲师针对处理压力的问题向学生做实验，并且还提出了问题。

他将手中的玻璃杯举起，问台下的学生："你们估算一下玻璃杯内的水重是多少？"

学生开始议论纷纷，各自给出了不一样的答案，总体范围是20~500克。

讲师接着说道："这些水的重量其实并不重要，关键在于你拿水杯时间的多少。"

如果你拿了1分钟，你肯定没有一点感觉。

如果你拿了1小时，你的手臂一定会很痛。

如果你拿了1天，也许你很快就要去医院了。

我们可以打这样一个比喻，玻璃杯中的水就如同我们的消极情绪，拿的时间越久，就会感到越沉重；拿的时间越短，就会感觉越轻松。如果在该放下的时候没有及时地放下，那么即便是同样的一个玻璃杯，我们也会感觉它越来越重。

所以，我们一定要学会在恰当的时间放下那些坏情绪。也就是说，定期放下重担，让自己获得缓口气的机会，然后，重新背起身上的担子。只有这样，才能轻松地去面对每天的工作与生活，也只有这样，我们才能获得持久性的快乐和健康。

可是，在实际生活中，我们往往都习惯于执着，明知道一件事想起来就会很难过，但还是会忍不住去想它；明知道自己想起曾经在工作中出现的纰漏，只会让自己对自己没有信心，但还是时不时地回忆。究其原因就是，我们在很多时候拿不起，更放不下。

著名作家契诃夫的短篇小说《小公务员之死》中小人物的悲惨结局，若不去分析此人所处的社会背景，单从心理学角度来讲，与其性格中的极其敏感是有很大关系的。

有一次，这名小公务员在剧院看戏，不小心打了个喷嚏，糟糕的是，他看到自己的唾沫星子溅到了坐在前排的将军身上，所以，他赶紧向那位将军道歉，将军开始并没有介意。

然而，这名小公务员却为此事耿耿于怀。在幕间休息的时候，他再一次找到那位将军表达歉意。到了第二天，他又专程去将军的家里赔罪。当这名小公务员在第三天又为此事去向将军道歉的时候，那位将军再也抑制不住自己的愤怒，大喊一声："你给我滚出去！"

于是，这名小公务员吓得胆战心惊，回家后，没多久就失去了生命。

这名小公务员将一个小小的喷嚏看得如此严重，而那位将军根本没有将它放在心上。更可笑的是，这名小公务员却以"疑心生暗鬼"的方式将自己折磨致死。相反，如果他在第一次向将军道歉之后将小喷嚏事件忘掉，他也不至于丧命。

人生之路上，我们都需要有拿得起，放得下的大智慧，因为放下了就是快乐的，放下了就是幸福的。敢于将不好的放下，我们就会宁静而致远；乐于将不好的放下，我们就会心平气和。只有放下了，我们才能从容地面对一切；只有放下了，我们才能脱离追逐名利的心灵旋涡。所乘的车船再豪华，也是要到站的；所欣赏的电视剧再动人，也是有结局的；过渡的季节再美，也是要遵循自然规律交替的。因此，无论何时何地，我们自己都要学会放下。

我们可以通过出门郊游的方式忘掉发生的不快，可以通过练瑜伽的方式放松自己的心情，还可以通过沟通的方式打开自己的心结。更多的时候，我们都要这样想：这个世界上，原本就是一无所有的，至多是在某一阶段这件东西曾经属于过我们而已。总之，人的一生分很多个不同的阶段，只有放下才是最美的原生态，这样才不会走得太累。拿得起，更要放得下，只有这样，我们的人生才会更加从容不迫、多姿多彩。

掂量一下自己的平常心

> 每个人都需要用从容淡定的心态去面对工作、生活。若是我们不能以平常心态对待，就会给自己增添很多烦恼。

在大愚寺住着一个小和尚，他每天诚心悟道，每天能够很快地诵读佛经。于是，他认为自己耳聪目明，生了慧根。

有一天，寺院的方丈向大家宣布自己要挑选一位具有慧心的接班人，小和尚得知此事以后更加努力。6个月时间过去了，小和尚反倒觉得自己的道行没有一点儿进步。于是，他将自己的困惑告诉了方丈。方丈听后，笑着对小和尚说："明天你同为师一起到山下的小镇上去找王老汉买些甜瓜来。"

次日，寺院的方丈带着小和尚来到王老汉的瓜摊前，挑了几个大甜瓜，此时，王老汉没有过秤就轻而易举地报出了甜瓜的斤两："总共二斤六两。"小和尚十分惊讶地问道："你怎么知道？"王老汉笑着说："我卖甜瓜已经有十几年了，从来没有估错过。你若不信，可以拿秤称。"小和尚一称，果然不差分毫。

此时，方丈走上前去，随意指向一个甜瓜说："施主，我要这个甜瓜，你若估量准确，我就将这锭银子给你。"说着，方丈将银子从身上取出，周围的人也都围上来看热闹。

王老汉一口就答应了，只见他屏住呼吸，将甜瓜小心谨慎地托起来。出人意料的是，王老汉竟然没能准确地报出甜瓜的重量，出了大差错。

回到寺院后，小和尚不解地问方丈王老汉第二次为什么估量错误。方丈叹了一口气说："这是因为他第二次被眼前的银子干扰了，因此他失去了平常心态，自然，他的正常水平就发挥不出来了。"

小和尚听完方丈的话大彻大悟，自那日起便开始静心修行。10年后，终于修成了正果，成为大愚寺人人皆知的一心方丈。

　　王老汉的故事告诉我们保持一颗平常心的重要性，在实际生活和工作中处处都有体现，有不少人自认为掌握了工作技能就够了，殊不知，应该时刻掂量一下自己有无平常心，因为再优秀的职场人士也可能被名利所压倒，更别说生活中各种各样的纷争。总之，每个人都需要用从容淡定的心态去面对工作、生活。若是我们不能以平常心态对待，就会给自己增添很多烦恼，甚至被眼前的名利所迷惑，就如故事中的王老汉一样。现实中，也有不少人为了表现自己要尽了小聪明，在职场中钩心斗角。实际上，大可不必这样，应时刻怀揣一颗平常心对待身边的人和事，只有这样，快乐才会时刻伴随着我们。看那些每天在公园唱歌、练剑的寿星们，他们几乎都懂得养生之道，身体的强健只是一方面，更多的是因为他们有着一颗平常心。可见保持这种心态对我们是多么重要。

　　石油大王洛克菲勒晚年秉承着"宽容、豁达、不斤斤计较"的原则为人处世。对此，他也曾经说过这样一句话："不论你是平民百姓，还是达官贵人，都应懂得理解宽容别人的过失，以一个平常人的心态去同别人交往，这对你的一生都很重要，它不仅可以让你每天都有一个好心情，而且还能用对人生气的时间去干一些有意义的事。"

　　其实这句话是洛克菲勒晚年处世的重要法宝。

　　洛克菲勒本人有这样一个习惯，在每个月的最后三天都要徒步旅行。一次，他完成了3天的徒步旅行，正计划返回公司总部。

　　他来到加州地区的一个小车站，坐在一个靠门的座位上等车，此时的他因长途跋涉显得十分疲惫，从沾满尘土的衣服上看，他就像是一个搬运工。

　　没过多久，火车要进站了，也开始检票了，洛克菲勒不紧不慢地走着。此时，他看到外面走过来一个老太太，非常吃力地提着一只重箱子。正当她环顾四周的时候，她看到了洛克菲勒，想请他帮一下忙，于是，老太太冲他大喊："喂，老头儿，你给我提一下箱子，我会付给你小费。"

洛克菲勒二话没说就帮着老太太拎箱子。他们刚刚检票上车，火车就开动了。老太太非常感激地说道："还真是多亏了你，要不我就惨啦。"说着，递给了洛克菲勒一美元。

洛克菲勒面带微笑地接过钱后和老太太攀谈起来，得知老太太刚从加州看望儿子回来，准备回自己的家。洛克菲勒为避免乘客过路不方便，又帮老太太把箱子塞到了座位底下。

没过一会儿，列车长走过来，说："洛克菲勒先生，欢迎您乘坐本次列车，请问有什么需要我效劳的么？"洛克菲勒回答说："谢谢，不用了，我刚结束3天的徒步旅游，目前要返回公司总部。"

老太太听后，惊呼起来："什么？洛克菲勒？上帝啊，著名的石油大王洛克菲勒为我提了重箱子，我还付小费给他，我在干吗啊？"于是，老太太连连道歉。

洛克菲勒微笑着对老太太说："您不必道歉，因为您根本没有做错什么。这一美元是我挣的，我当然就要收下了。"

有很多伟人之所以在人们眼里十分伟大，重要的原因在于，他们知道用平和的心态去对待别人，洛克菲勒就是其中一位。我们不妨大胆地设想一下，如果洛克菲勒当时没有抱着平常心，他一定会勃然大怒，那么老太太会被吓得瑟瑟发抖。然而，洛克菲勒却以平常心、以普通人的身份帮助老太太提了箱子，上了火车，他为此获得了别人更多的尊重和热爱。

我们不妨时常让自己放松心情，千万不可让欲望牵着到处奔走，让浮躁的心逐渐平复下来，深切体会海阔天空般心胸的影响力。因为平和的心态会直接影响到你的生活质量和工作业绩，虽然我们无须做到佛学中所讲的"四大皆空"，但是至少要足以应对出现的难题，让应有的平常心够分量才行。假若我们自视甚高，一遇到不顺心之事就生气发火，满心愤慨，不能以平常心态去看待和处理，那么，我们的生活担子将会无比沉重，烦恼会源源不断。总之，在闲暇的时候，一定要掂量一下自己平常心的重量，礼貌待人，冷静对事，培养自己的涵养性情，磨炼自己的意志力和忍耐力，只有这样，我们才能真正突破自己的心灵曲线。

在这个世界上，成功人士是凤毛麟角，大部分都是普通人。然而，大多数的平常人都缺少一种平常心态。有这样一则寓意深刻的关于平常心的故事。

寺院里的草枯黄了一大片，看上去很难看。

对此，寺院里的一个小和尚看不过去。于是，他对师父说："师父，我们还是快撒点种子吧！"

他的师父说："这个不着急，随时。"

当种子到手时，师父吩咐小和尚说："去种吧。"

没想到，一阵风起，种子撒下去不少，当然也有不少被风吹走了。

小和尚十分焦急地对师父说："师父，您看，好多种子都被风吹走了。"

师父说："这个没有关系，吹走的都是空的，撒下去也发不了芽，随性。"

小和尚刚将剩下的种子撒完，飞来了几只小鸟，在土里使劲儿地乱啄着。

见状，小和尚迅速赶跑了小鸟，然后向师父报告说："师父，您看，种子都被鸟吃光了。"

师父不紧不慢地说："这个不着急，种子多着呢，吃不完，随遇。"

半夜时分，狂风暴雨。

小和尚哭着跟师父说："师父，您看，这下全完了，雨水冲走了种子。"

师父说："这个没事，冲到哪儿都会发芽，随缘。"

过了几天，昔日光秃秃的地上长出了许多新绿，甚至未播到的地方也长出了小苗。于是，小和尚眉飞色舞地喊："师父，您快来看呀，都长出来了。"

师父神情平静地说："本就该如此，随喜。"

这个故事告诉我们：每个人都应该以平常心接受生活中的一切，直面所处的环境，能够对自己有正确的认识，从而把握自己的命运。说到底，就是不被名利所惑，不被金钱所牵，过自己平常人应有的快乐生活。

当然，成功人士在获取成功之前也曾经都是平常人，都是以平常心态认真地做人、做事，凭着踏踏实实、努力奋斗的精神和勇气，一步一个脚印，最终登上成功之巅峰的。比如，艺术家马季、企业家马云、香港首富李嘉诚等成功人士就都是以平常人的心态，凭借自己的勤奋和努力获取成功的。

怀着一颗平常心，这对于一个人的成功与得失来讲极其重要。尤其是在现代职场中，有很多的年轻人不切实际，好高骛远，这山望着那山高，没有平常心态，往往这样的人承受不了困难与失败。

实际上，我们每个人都希望自己活得大红大紫，也希望能像别人那样成为伟人，有这样的想法无可厚非，但是，现实总是苛刻和残酷的，我们的很多理想和欲望并不能得到满足。因此，生活需要我们以一种积极心态去迎接各种挑战，在自己的领域做到最好就是成功的。比如，建筑工的一砖一瓦体现了他们工作时的良好状态；设计师的一勾一勒体现了他们专注的职业精神。这样，任何事情都不要强求，更不要奢望，平常人就应该具有一颗平常心。

平常人应该有一种平常的心态，平平静静地居家过日子，因为平静而又祥和的生活，不仅可以托起对生活的希望，还能练就我们平淡的心境。我们应该在忙碌中充实自己，有条不紊地将人生之路走下去。比如，见了街坊四邻问声好，过年过节向朋友给予祝福，等等，或许，这就是平常人的福气吧。

我们每天按部就班地工作和生活，一日三餐，尊老爱幼，挣钱养家，看上去风平浪静，但却是平常人好心情的发源地，因为这样和谐的“画卷”上绘满的都是平常心。当我们站在这个山头上望着另一山头的时候，我们应该有一颗平常心；当我们对机械的工作感到厌烦的时候，我们应该有一颗平常心，将自己的抑郁淡化；当我们埋怨自己没得到名利的时候，我们更应该有一颗平常心，将自己贪婪的心叫醒。这样，我们平常人就会有平常人的好心情、好福气、好运气。不管在任何情况下，都不要让那些纷纷扰扰搅动了我们那颗平静的心。

画家尤利乌斯每天都过得很快乐，连他的画也画满了快乐。

但是，无人肯买他的画，这一点让他偶尔会觉得难过。不过，这种悲观情绪很快就会过去。

一天，尤利乌斯的朋友告诉他说："你还是玩玩足球彩票吧！如果遇到了幸运之神，你只需花2马克就能中不少钱。"

于是，尤利乌斯就花了2马克买了一张彩票，果真如朋友所说，他中了50万马克。

他买了一幢别墅，并且精心地装饰了一番。尤利乌斯是一个很有品位的艺术家，所以他的家里一时间多了不少昂贵的东西，像佛罗伦萨小桌、维也纳柜橱、阿富汗地毯、迈森瓷器，等等。

自此以后，尤利乌斯便喜欢上了这套新房子，一有空，他就会坐在地毯上，点燃一支香烟。有一天，他心里感觉很孤单，想去看望一位很久没有见面的老朋友。于是，他像往常一样，习惯性地把烟蒂往地上一扔，甩手就出了门。

结果，并没有完全熄灭的香烟很快就引燃了华丽的阿富汗地毯、维也纳柜橱……短短几个小时，尤利乌斯的别墅化为了灰烬。

他的朋友们闻讯赶来，安慰起尤利乌斯。

"尤利乌斯，你真的是太不幸了，当然了，我们无比地同情你！"

"不幸？为何这么说呢？"

"你那幢几十万的别墅失火了！尤利乌斯，可以说，你目前是一无所有了。"

尤利乌斯回答说："我可不这样认为，我只不过是损失了2个马克而已。"

尽管尤利乌斯的想法有些自嘲，但是，他更多的是告诉我们这样一个哲理：不管在什么样的情况下，我们都不要过于看重得失，始终保持一颗宝贵的平常心。相反，如果太过于看重得失，我们的人生之路走起来就会感到非常疲惫，看淡得失，自然也就会轻松许多。

从前，有个人名叫罕斯，他在回家的路上捡到了一块金子，后来，他又看到前面有一匹马，他觉得这匹马要强于金子，于是，他就拿金子换了马。

罕斯骑着马走着，一不小心从马上摔了下来，跌了腿，于是，他便用这匹马换了一头奶牛。走着走着，他又觉得猪比奶牛强，便又换了猪。最终，他遇见了一个磨刀匠，听了人家的一番话后，又不假思索地用猪换回了一块磨刀石。

于是，罕斯背着这块沉重的磨刀石往家走，心想："以后我就可以过上好日子了！"但是，没过多久他就无法忍受了，他觉得这块磨刀石实在是太重了。

此时，他又渴又累，好不容易找到一口井准备喝点水，一不小心，磨刀石滑出了口袋，掉到了井里。

此时，罕斯却突然感觉到从未有过的一种轻松，心里也无比自在。

的确，一个人一辈子也就几十年，不管遇到什么事都要想得开，不能像罕斯那样将沉重的磨刀石放在自己的背上，这么做只能让自己疲惫不已。生活中，我们每个人都应该相信自己，守卫好内心的平静与安宁，只有这样，我们的人生才能少些烦恼，少些挫折。

如今的社会环境下，有不少年轻人对"保持平常心"的话题很感兴趣，这是因为，在物欲横流的社会中，我们的心很容易被外界的纷纷扰扰所牵绊，太容易因周遭的环境变化而变化。因此，保持一颗平常心是非常重要的。

我们每个人都有自己的理想和目标，但是有的人却容易好高骛远，当自己的理想实现不了时就郁郁寡欢，觉得自己怀才不遇，壮志难酬。这其实就是自寻烦恼。有的人总是追求完美，甚至因自己犯下一点点错误而责罚自己，最终，伤害的人还是自己。所以，一定不要苛求自己，万事顺其自然，量力而行。只有学会欣赏自己的优点和取得的成就，才会更加幸福地过一生。

诚然，在每个人的人生道路中难免会遇到这样那样的烦恼，心情也会跟着低落，此时，我们可以向自己的亲友倾诉，也许就会豁然开朗，不再计较那些生活中的得失。因为倾诉能让我们不再怀疑自己的能力，对自己更有信心，心理上也会更加平衡。

因此，在心情不好的时候，千万不要一个人独自承受，更不能把所有的抑郁藏在心里。时间久了，一个人就会承受不住的。

生活中，也有一些人喜欢把别人当作竞争对手，把自己置于紧张的心境，这样就不能很好地与别人相处。生活中，我们在为人处事时应以和为贵，保持一种平常心态，这样就能很好地跟周围的人相处。

那些拥有平常心的人，无论外在的环境是寒风刺骨还是热水奔腾，都能做到宠辱不惊，把所有的宠与辱都当作对自己的磨炼，努力克服困难，用最好的心态迎接新的一天。

有一次，著名作家欧希金在自己家中举行宴会，有个客人一直指责他，说他不应该在他的一本书中提到美容产品大王卢宾丝坦女士。

这时候，其他的客人找机会把话题引开，却没有成功。于是，谈话的气氛让大家难以接受。最后欧希金说道："好吧，如果我不写，也许其他人会写，总之，那件事总得有个人来做。"欧希金继续说道，"作家都是他的人物的奴隶，这真是罪该万死。"

欧希金没有勃然大怒，而是心平气和地用幽默的话语轻松地"化干戈为玉帛"，因为他具备了这样的素质，所以无论是他的事业还是生活他都获得了成功。

政坛上许多伟大的政治家也都具备这样的一种品质，他们不仅在事业上赢得了成功，许多事迹还传为佳话。

约翰·亚当斯在1800年参与竞选美国总统的时候，共和党人故意编造各种关于他的桃色新闻，并肆意传播，试图将他打败。

有一次，共和党人在向众人演讲时说："亚当斯曾派他的竞选伙伴平克尼到英国挑选四名美女，其中两个留给了平克尼，另外两个留给了自己。"台下的听众都觉得不可思议，议论纷纷。

亚当斯听了后哈哈大笑道："如果你们说的是真的，那么，平克尼将军肯定欺骗了我，将美女全部独吞了！"听众立刻就明白了事情的真假，亚当斯的从容不迫也赢得了民众的支持，最终接任了美国第二任总统。

约翰·亚当斯的事迹告诉我们：在突发矛盾冲突的时候，为避免尴尬，可以借助幽默的语言，自嘲反而更容易化解矛盾，促进人际关系的和谐。

人之所以痛苦，在于追求错误的东西。只有学会放下，我们的心境才会更加自然平和。老子推崇的"无为、不争、顺其自然"的做人哲学也是现在的年轻人应该积极学习的。拥有一颗平常心，无论是对自己还是对他人都是很有意义的。

著名作家萧伯纳一次在伦敦街头被一名骑自行车的人撞倒了，摔得很严重。

骑自行车的人赶紧将萧伯纳扶起来，诚恳地跟他道歉。萧伯纳出乎意料地将对方打断了："先生，您比我更不幸。如果您撞得再重一点，就会因为撞死萧伯纳而名扬天下了！"

面对撞伤自己的人，萧伯纳没有恼怒呵斥对方，而是保持着淡定乐观的心态给对方安慰，可见，一颗平常心让萧伯纳保持了让人难以置信的自制力，正因如此，萧伯纳赢得了更多人的尊重。

道家学派创始人老子曾经说过："平常心是道。"在今天看来，这句话是教导我们要有一颗平常心，不因为外界因素影响，做到处事不惊，坦然，淡然。能做到这些也就是得道了。现实工作中有的人一旦知道自己的薪金与别人的存在差异，就会愤愤不平；有的人一旦看到别人找到了优秀老公，也会嫉妒不已；有的人一旦见有人抢先一步捡到了地上的钱包，更会叹息一番。这些消极的情绪都是因为太看重自己的得失，不仅让自己过得辛苦，周围的人也没有办法跟自己好好相处。因此，时刻保持平常心，从从容容，平平淡淡的生活才是真幸福。

总之，我们要善于忘却生活和工作中的烦恼，时刻保持一颗平常心。不去衡量得失对我们造成的影响，而应将它作为磨炼自己的一个有力武器。这样，我们才能乐观豁达地活着，面对困难才能付之一笑，人生也会少些烦恼。

　　生活中难免会有不如意的事情，我们没有必要翻来覆去地想它，完全可以采用"忙碌法"将其逐渐地淡化，让自己没有时间去想那些事情。俗话说得好，"做人要大度"，若是什么事情都要跟别人比个高下，只会让自己活得更辛苦。该糊涂的时候就糊涂，这才是做人的大智慧。

　　在伤心难过的时刻，我们不妨闭上自己的双眼，让心灵的视线转向蓝天白云，青山绿水；或者选择清晨，推开窗户，深深地呼吸，将自己的身心全部放下来；或者听音乐、看电视、逛街购物等。用平常心对待生活的赐予，你就能发现生活中的美，整个人生也会更幸福。

不要让别人来左右自己

自己决定要做的事情，不要轻易地做出改变。因为即使是错的也只有结果才能作出判断，就算是失败也好过犹豫不决。

每个人在这个世界上都是独一无二的。你应该为此感到庆幸，尽量利用大自然所赋予你的一切。所有的艺术都带着一些自传体：你只能唱你自己的歌，画你自己的画，做一个由你的经验、环境和家庭所造成的你。你要创造你自己，无论怎样，你要做好你自己。

每个人的能力本是差不多的，只有自己尝试开发运用，才可以充分了解自己，发挥自己的才能。

伊迪斯太太住在北卡罗莱纳州，她在一封信中写道："我曾是一个非常感性而羞怯的女孩，我一直很胖，双颊丰满，这使我看起来更显肥胖，我的母亲不够开明，她总是做很宽大的衣服给我穿，那些衣服一点都不漂亮，我从没有参加过任何社交活动，也没有令我开心的事。上学后，我从不参加集体活动，甚至体育运动也不参加。我觉得自己跟别人不一样，这让我很害羞。

"长大后，我和我先生结婚了。但是，我没有任何的改变。丈夫的家人都相当镇定从容，我希望能像他们那样泰然自若，但我并没有。我试图模仿他们的行为举止，但总失败。家人也一直想办法帮助我改变自己，这让我更加自卑，我躲在自己的世界不敢出来。我变得越来越紧张、烦躁易怒，躲着不见任何朋友。甚至听到门铃声我都会惊慌失措！我是彻头彻尾地失败了。我担心我先生发现我的缺陷，所以只要在公共场合，我都尽量装作很开心，甚至假装得有些过分；每次表演完我都感觉筋疲力尽。有时候，我甚至怀疑自己还要不要继续生存下去，我还想到了自杀。"

那么，到底是什么事情让她转变了呢，只是一句话。

伊迪斯太太继续写道："婆婆在谈论到如何教育子女的时候说：'不论任何事，我都坚持让他们个性独立！'这句话在我脑中一闪，给了我灵感，我的一切烦恼都是我自己让自己去适应不适合自己的生活方式。

"从那以后我就变了！我开始找回自我，发掘自己的个性，挖掘自己的潜能。我发现自己对布料的颜色和款式有兴趣，并且我找到了适合自己的独特品位。我主动与新朋友结识，并开始参加团体活动——先是一个小型团体——当我主持某项节目时，我感到紧张害怕。不过每次开始发言时，我的勇气都会得到增强。这是一个漫长的过程，但也是我最快乐的时光。这还是我教导儿女的宝贵经验。我总是告诉他们：'无论什么时候，坚持做自己。'"

基尔凯医生曾经指出，大多数精神及心理疾病问题的原因是不愿意坚持自我。帕特里在报纸上发表了几千篇有关培养儿童的文章，他出版过13本书，他说过这样一句话："没人会悲惨到不能坚持自己的思想个性，并且被迫去变成他人。"

保罗是一家石油公司的人事主任，他面试过的人超过6000人，还曾写过一本《求职六招式》的书。他说："求职者易犯的错误就是不能坚持自我。他们常常不够坦率，所回答的问题都是他认为你想听的。但是，这并没有用，没有哪个公司愿意雇佣不诚实的员工。"

有一位名叫凯丝·达利的女孩儿，她是一位公交车售票员的女儿。她一直梦想当歌手，但是她的容貌是她最大的失败，她的嘴太大，还是龅牙，她第一次登台演唱时——在新泽西的一家夜总会里——试着拉下上唇遮住牙齿，以使自己显得很高雅，但是弄巧成拙，她注定是要失败的。

当时夜总会有位男士，他觉得这女孩儿很有天分。他很坦率地对她说："在这里我看了你的表演，我看出你要掩饰什么，因为牙齿很难看，很羞愧对吧？"那女孩听了感觉很尴尬，这位男士继续说，"龅牙又怎么了？龅牙又不犯罪！不要刻意去掩饰，张嘴唱歌，你越随意发挥个性，听众越会喜欢你。你现在想要遮掩的以后也许就是你最大的财富！"

从那以后，凯丝·达利把龅牙的事情忘掉，全神贯注地唱歌。她尽情歌唱，获得了巨大的成功，甚至成为很多歌星竞相模仿的对象。

我们大多数人不了解自己，不知道如何充分发挥自己的才能。我们大部分人的才能没有被开发。可以说人被自己定的标准限制住了，我们不能完全发挥自己的才能。

在这个世界上，我们每个人都是独一无二的。基因遗传学告诉我们，人是由23对染色体组合而成，就是这46条染色体决定了你的遗传特征，数以百计的基因存在于每一条染色体中，任一基因改变都足以引起一个人一生的改变。真的，人的形成是个无比奇妙的过程。所以，不要再担心自己不像其他人，努力挖掘自己的潜能吧。

卡耐基对于坚持个性的话题很有感触，因为他有一个付出痛苦与高昂的代价的经历。从密苏里州的玉米田刚到纽约来时，他想报考美国戏剧学院，成为一名演员是他的梦想。当时他自以为，想出3个绝妙的主意，找到了通往成功的捷径，他还好奇这么简单的事情别人怎么想不到。他的好主意是，仔细琢磨当时的几位当红演员，学习他们的优点，那时觉得自己很聪明。结果，他浪费了好几年时间在模仿别人，不仅模仿任何人都不像，甚至找不到自我。

他在自己的著作中这样写道："……有过这样的经历，我本应该悬崖勒马重新做自己的，但是没有，我实在是超级愚蠢！我竟然重蹈覆辙。几年后，为了写一本有关公开演讲的商业书，我又抄袭其他作者的观点，编撰了一本关于演讲方面的书。最后，我再次发现自己又犯了一次傻。把别人的理念改编成自己的文章，反而使得自己的文章枯燥而平淡无奇，没有书商对此感兴趣。一年的辛苦就这样白费了。这次我告诉自己："你就是戴尔·卡耐基，做自己吧，发挥自己的真实才能。不要想着做别人了！'"

于是，他放弃组合他人思想的念头，开始凭自己的能力、亲历的经验及细致的观察写成了公开演讲的课本。这一次，他终于写出了属于自己的书。

美国作曲家艾文·柏林给后起之秀的作曲家乔治·盖希文的忠告也是如此。柏林与盖希文第一次见面时，柏林已蜚声乐坛，盖希文只是个名不见经传的后生小辈。对盖希文的才华，柏林相当欣赏，柏林支付给盖希文薪水的3倍请他做自己的音乐秘书。但是盖希文没有接受，他始终坚持自己的创作个性，最终成为美国著名的作曲家。

许多成功者都有这样一条心得："别让别人的评价左右自己。"

乔治是军队的军官，每次行军他都走在队伍的后面。但在一次行军过程中，有的同级军官就取笑他说："你们看，乔治哪儿像个军官，倒像一个放牧的。"乔治听了觉得很难为情，他走到了队伍的中间，那些人又说："你们看，乔治哪儿像个军官，简直是个十足的胆小鬼，躲到队伍中间去了。"乔治听后，觉得对方说的也不是没道理，便又走到队伍的最前面。谁知，那些人还有说辞："你们瞧，乔治带兵还没有打过一次胜仗，他就高傲地走在队伍的最前面，真不害臊！"听了别人三番五次的批评，乔治想了很久，最后才恍然大悟：若是做什么事情都要听别人的评价，自己会连路都不知道怎么走的。从此以后，他再也不理会别人的评价，自己决定怎么做就怎么做。

你怎么看待自己决定你是否能够成功，别人怎么看待你都是次要的。如果你相信自己的选择，并一直坚持下去，那么总有一天你会取得别人望尘莫及的成功。

美国著名动画片制作家迪士尼，迪士尼在上学的就对绘画和冒险小说特别感兴趣，并很快读完了马克·吐温的《汤姆·索亚历险记》等探险小说，把书上的故事变成图画是他的梦想。

在上小学的时候，有一次，迪士尼出色地完成了老师布置的绘画作业：把一盆花的花朵画成了人脸，把叶子画成人手，并且每朵花都以各种表情来表现自己的个性。但是，他的这幅画根本不被老师所接受，老师觉得他是胡闹着玩的，并当众把他的画撕得粉碎。迪士尼想要反抗被老师严厉批评并警告他以后不许胡闹。

受了委屈的迪士尼回到家把事情的原委告诉了父亲，父亲对他说："我认为你的画很有创意，对同一个事物，不是每个人的看法都是一样的，关键是你自己怎么想。不能主宰自己的人，终生都是一个奴隶。"父亲的话给迪士尼留下了深刻的印象。

后来，迪士尼在第一次世界大战时报名当了一名志愿军，在部队中做汽车驾驶员，闲暇的时候他就创作一些漫画，并寄给一些幽默杂志，不幸的是，没有人愿意接受他的作品。

迪士尼在战争结束后来到了堪萨斯市，他拿着自己的作品四处求职，经过一次又一次的碰壁之后，他终于在一家广告公司找到了一份工作。但是，一个月后他又失业了，因为在那里他被认为没有绘画能力。

迪士尼兄弟公司是在 1923 年 10 月，由迪士尼和哥哥罗伊在好莱坞一家房地产公司后院的一个废弃的仓库里成立的，后来享誉全球的米老鼠和唐老鸭就是在这里创造的，并为迪士尼赢得了 27 项奥斯卡金像奖，他也是世界上获得该奖项最多的人。

因此，无论做任何事情，一定要相信自己，肯定自己。面对挑战和他人的质疑时，不妨告诉自己：自己的决定是对的，一定要相信自己。

　　在哈佛人看来，成功是靠自己取得的，能够成就自己的人只有自己。如果一个人总是活在他人的评价里，时刻按照他人的评价修正自己的行为，完全被他人的评价所左右，最后很可能是一无所获。生活中，这样的事例也是不胜枚举的。

人生不能重新开始

> 每个人的人生都是单行的，不要为已经发生的事懊恼。

在我们身边经常会听到这样一些感慨，人到一定年纪，总会怀念以前的一些事情，反思自己的人生，也会后悔当年干了什么没干什么。我们常常听到类似这样的感慨：假如一切可以重新开始，我会做得很好；假如时光可以倒流，我会好好把握；假如再给我一次机会，我会尽力争取……我们都希望能重新来过，特别是到了一定年纪的人，总是怀念以前，反思自己，后悔自己当初没有那样做。但是，这都晚了，世上没有后悔药。

每个人的一生都是现场直播，是一次不能抗拒的前行。人生是没有"假如"的，很多事情做了，错了，都是不能挽回的，只能继续前进。若是一味地做一些假设，只会让自己更加后悔，也会错过现在的更多。

从另一方面讲，就算是让你重新选择一次，你避免了走弯路，但是你能保证你选的另一条路就没有一点坎坷吗？未必，人生总是充满遗憾的！

美国有一部著名的电影《蝴蝶效应》，这部电影有一个精妙构思——男主角埃文拥有穿梭时空的能力，这为他提供了可以反悔的机会，于是他决定回到过去修正已经发生过的事实。但是，尽管他能够穿越时空，他也不能让现实完美无瑕，反而是越来越糟糕。一切就像蝴蝶效应一般，牵一发而动全身，出现了防不胜防的意外。他挽救了心爱女友凯丽的生命，却失手打死了凯丽的弟弟汤米，给自己带来牢狱之灾；他回到了爆炸的那天，将靠近信箱的母子扑倒，自己却变成了失去双臂的残疾人，母亲因此染上了烟瘾，得了肺癌，而凯丽则成为了别人的女友……

这部电影引人深思：人生若真有"假如"，我们可以重新选择人生，也许并不如同我们所想象的那样美好。因为人生是不可能停留的，随时都在发生着自己难以预料的事情，谁也不能保证自己能考虑周全。

不要再设想那些"假如"，过去的已经成为历史，你所能做的就是吸取之前的教训，以后少犯类似的错误。而对于已经发生的事情就不要去懊恼了。爬起来拍拍身上的灰尘，开始新的路途。

听过这样一个故事——《不为打翻的牛奶哭泣》：

戴尔·卡耐基刚刚创业的时候，在密苏里州举办了一个成年人教育班，随后在各大城市也开了分部。由于没有经验又疏于财务管理，除去日常开销之后，他没有多少回报，尽管这种教育班反响很好。

刚开始，他因为此事整日烦恼，不断地抱怨自己疏忽大意。这种状态维持了好长时间，甚至无法进行刚刚开始的事业，后来他只好去找中学时代的生理老师乔治·约翰逊，请他为自己指点迷津。

了解了卡耐基的烦恼之后，老师意味深长地说："是的，牛奶被打翻了，漏光了，怎么办？是看着被打翻的牛奶哭泣，还是去做点别的？记住被打翻的牛奶已是事实，没有可能再重新装回瓶子里，现在我们能做的就是忘掉这些已经发生的不愉快，吸取教训，收拾心情继续出发。"

听了老师的话，卡耐基豁然开朗，之前的苦恼顿时烟消云散。他说："我拒不接受我遇到的一种不可改变的情况，我像个蠢蛋，不断做无谓的反抗，结果带来无眠的夜晚，我把自己整得很惨，终于我不得不接受我无法改变的事实，重新投入到了热爱的事业中。"通过努力，卡耐基获得了巨大的成功。他成为美国著名的企业家、教育家和演讲口才艺术家，被誉为"成人教育之父""20世纪最伟大的成功学大师"。

每个人的一生都不可能一帆风顺，很多道理都是经历挫折才能明白，这就是成长的代价。我们与其沉浸在过去里抱怨、后悔，用忧虑来毁灭自己的生活，不如"不要为打翻的牛奶哭泣"，吸取这次的教训，忘记这次的不愉快，收拾心情投入到明天的行程。对此，著名的文学家刘墉也曾经说过："人生在世，我们可以转身，但不必回头，即使有一天发现自己错了，也应该转身，朝着对的方向大步向前，若是一味地抱怨自己犯下的错，只能让自己陷在悔恨中而停步不前。"

发生的事情都过去了，重要的是现在和将来，不要悔恨，也不要懊恼。将"假如"改成"下一次"，下一次我一定要如何如何，下一次我一定会做好的……只有这样才能避免重蹈覆辙，未来的生活才会避免不必要的失误，整个人生也会更加精彩。

　　普希金曾经说过这样一句话，值得我们每一个人谨记："这一切终将过去，都将变成亲切的回忆。这一切，只不过是黎明前的黑暗，是历史上的一页。虽然我们身处黑暗，但是黎明总要播撒光明，历史也要翻开新的一页。现在的一切都将过去，而未来是搁笔待写的空白，需要我们去填写。"

让心情永远保持的畅快

生活中没有什么困难是解决不了的，每个人一生中都会遇到大大小小的坎坷，抛弃痛苦，忘却忧愁，从容地生活，才会享受生命的本身，我们才能活得更加自在，更加多彩。

在人生的路途上，充满了坎坷，布满了荆棘，没有人能够一帆风顺。人生中不会缺乏磨难，不会没有艰辛。人生里总会有困难的时候，总需要我们去面对，我们应该告诫自己，人生没有走不过去的路，没有跨不过去的坎儿。生活赐予我们的困难不过是磨炼自己的绊脚石，当我们解决了苦难再回首就更能品味其中的甘甜了。

美国著名作家海伦·凯勒，她在出生没多久就遭遇不幸，成了聋哑人。但是，她却成为美国最受人尊重的人。让我们看看她传奇的一生吧。

1880 年，海伦·凯勒出生在亚拉巴马州北部一个叫塔斯喀姆比亚的城镇。在她一岁半的时候，一场重病夺去了她的视力和听力，接着，她又丧失了语言表达能力。但是，在她那黑暗寂寞的世界里，她竟然学会了读书和说话，并以优异的成绩毕业于美国拉德克利夫学院，她成为了一个学识渊博并且掌握多门外语的著名作家和教育家。她走遍美国和世界各地，为盲人学校募集资金，把自己的一生献给了盲人福利和教育事业。她得到了全世界各国人民的尊重，许多国家政府也嘉奖她的善举，宣扬她的坚强与勇敢。

学习读书认字对我们正常人来说都要付出不少的努力，海伦·凯勒看不见也听不着，她是怎样学习的呢？原来海伦是靠手指来接触老师莎莉文小姐的嘴唇，用触觉来领会她喉咙的颤动、嘴的运动和面部表情，而这往往是不准确的。她为了使自己能够发好一个词或句子，要反复地练习，即使再困难，海伦也没有被吓倒。她以惊人的毅力坚持着。

7岁开始受教育，到考入拉德克利夫学院的14年间，海伦给亲人、朋友和同学写了大量的信，这些书信，或者描绘旅途所见所闻，或者倾诉自己的情怀，有的则是复述刚刚听说的一个故事，内容十分丰富。在她上大学的时候，许多教材都没有盲文本，要靠别人把书的内容拼写在她手上，所以，海伦要花费比其他同学多几倍的时间来学习。她没有唱歌消遣的时间，这些时候她都在预习和复习功课。

这些生理上的缺陷并没有将海伦·凯勒打倒。她凭借顽强的毅力克服了这些困难。她热爱生活，会骑马、滑雪、下棋，还喜欢戏剧演出，喜爱参观博物馆和名胜古迹，从中，她学习了很多知识。她21岁时和老师合作发表了她的处女作《我生活的故事》。之后的60年间，她创作了14部著作，蜚声文坛。

我们常人是难以想象海伦所遭遇的困难的。生活给她架上一道坎儿，她用对生活的热情与勇气努力跨过。人生中，没有过不去的坎儿。任何困难都会过去的，咬咬牙，就会看到新的曙光迎接你的，千万不要沉溺在阴影中，这样只会给自己带来痛苦，让自己更加后悔。

生活不可能总是阳光明媚，顺风顺水。狂风暴雨随时都可能到来。但只要我们有迎接厄运的勇气和胸怀，在低谷和挫折面前不低头，跌倒了再爬起来，调整好自己的状态，勇敢地接受新地挑战。只要我们自己相信没有过不去的困难，人生就能越来越灿烂。

在美国，有一种家喻户晓的美食，名叫"琼斯乳猪香肠"。而在它的发明背后还有一段催人泪下的与命运作斗争的故事。琼斯是该食品的发明人，他原来在威斯康星州农场工作，那时候他家人生活并不富裕，但是琼斯工作勤奋，不怕辛苦，生活也能持续。可天有不测风云。琼斯在一次意外事故中瘫痪了，躺在床上动弹不得。周围的人都觉得他这辈子只能靠别人照顾，然而，事实并非如此。

琼斯虽然躺在床上，但他的思想并没有瘫痪，依然可以思考和计划。他认为生活应该充满希望。他不想成为家人的负担，决定做个有用的人。他思考多日，最终把构想告诉家人："我的双手虽然不能工作了，但我要开始用大脑工作，由你们代替我的双手，我们的农场全部改种玉米，用收获的玉米来养猪，然后趁着乳猪肉质鲜嫩时灌成香肠出售，一定会很畅销！"

上天给我们关上一扇门就会给我们打开一扇窗。琼斯之所以能够获得成功，就是因为他坚信人生没有过不去的坎儿，坚信冬天之后有春天。琼斯没有被困难吓倒，他身残志不残，勤于思考，最终找到了自己成功地道路。

因此，无论生活赐予我们什么，我们都要欣然接受。时刻记得，影响我们生活的不是环境而是我们的心境。

我们每个人都希望自己每天有个好心情，但事实上，我们却常常被各种各样的痛苦与烦恼所包围，因为这些，我们不能轻松地生活。

生活中的很多事，如失恋、被老板炒鱿鱼、生意赔钱、股票套牢……这些都会使一个人变得忧虑。有的时候，一件微不足道的小事也能让人烦恼忧愁，难以释怀。契诃夫的小说《一个公务员之死》写的就是一个公务员因为一件小事，整天担忧焦虑，最后竟然忧郁致死的故事。坏心情如果不能及时地被疏导，那么到最后一定会产生难以预料的恶果。

坏心情是有害的。首先，它会对人们的身体健康产生不好的影响。坏心情会使女人老得更快，让男人的表情难看、皱纹增多、头发脱落。甚至，一些可怕的疾病如糖尿病、抑郁症等都或多或少的受坏心情的影响。得过诺贝尔奖的医学博士亚力西斯·柯瑞尔说："心里常存忧虑的人，生命是不会长久的。"

心情不好的时候，生活质量也会跟着下降，工作效率也不高，还会破坏和谐的人际关系。古语说："一人向隅，举座不欢。"若是你整天愁眉苦脸的，你身边的人也不会开心的。

一位心理专家说："烦恼是具有最大破坏性且不利健康的心理恶习。"所以，我们要想办法摆脱坏心情，战胜自己。

"情绪化消费"是现在年轻人排解郁闷的方法。一位叫丽达的女孩子，跟男友分手了，心情很不好，下班后逛遍了临近的大商场，不管有用没用，买了不下1万元的衣服。然后回到家把买来的东西丢到柜子里，抱着毛绒玩具痛哭一场。另一个男青年霍恩，被公司辞退的当夜，满腹委屈跑到最豪华的酒店，要了最昂贵的洋酒，喝了一个通宵，最后被送到了医院，花费了昂贵的医药费。

当自己心情不好的时候，一定要想办法排解，但是像丽达和霍恩那样的做法甚不足取，等醒来以后发现又有新的麻烦了。

要排解坏心情，方法很多。最好的办法就是以一种很超然、很客观的心态对待坏心情。要学会自我安慰，不要长久地陷在已经发生的不幸事件中，要多想那些能令人心情愉快的事。要明白这样一个道理：开心与烦恼都是自己找的，自己不要去找烦恼，它也不会来找你。

如同上面案例中的丽达失恋了，霍恩被辞退了，他们心情很坏，怎么办？她疯狂购物，他借酒浇愁；她大哭一场，他大病一场……他们所做的这些对事实没有任何帮助，反而让自己陷入更深的旋涡。如果他们不能调整自己的心态，不能豁达地应对遇到的挫折和困难，就算是做任何事也不能让他们摆脱烦恼。

美国《时代》周刊登过一篇文章，第二次世界大战时，有个士官被炮弹碎片剐伤喉咙，输了7筒血。他写了张纸条问医生："我会活下去吗？"医生回答："会的。"他又问："我还可以讲话吗？"医生回答："可以。"于是那个士官在纸上写道："那我还有什么好担心的？"

遇到困难的时候，你也可以跟自己说："我还有什么可烦的？这些都会过去的。"

印度大文豪泰戈尔说："世界上的事最好是一笑了之，不必用眼泪去冲洗。"英国大戏剧家莎士比亚说："我愿意扮演一个小丑，在嘻嘻哈哈的欢笑声中老去；我宁可用酒温暖胃肠，也不用悲哀的呻吟声去冰冷自己的心。"

生活中，约有百分之九十的事是好的，百分之十的事是不好的。如果你把精力放在这些快乐的事情上，你就能收获好的心情，收获舒畅的人生。

事实无法改变，但心情可以自己掌控。如果想破坏自己的好心情，那就可以生气地说："太小气了，为什么不给我买一听饮料？"如果想快乐，就会很高兴地想：终于有一杯水可以解解渴了。这样去想，就会心怀感恩，自己开心了，周围的人也会快乐。

让自己走出累的影子

生命只有一次，我们应该尽力过得舒心，活得洒脱。不被工作所累，不被生活所累。

生命是强大的，但有的时候也很脆弱，因此，我们每个人都不要背负太多的痛苦与悲伤，而是应该活得豁达、乐观一些，只有这样，才能在生活和工作中游刃有余，轻松自在。每个人都只能活一次，所以，我们应该生活得轻松，不要太累了。

心累的表现有很多，比如说：有人处境不好，就会痛心疾首；有人被公司领导批评，就会好久缓不过来；有人与朋友吵了架，就会闷闷不乐、暗自神伤。实际上，人的一生不会有现成的蛋糕等着你来吃，也不会有高高的职位等着你来做，更不会有神仙自动将你的坏处境改换，只能靠你自己，调整心态，转变自己所处的环境。

在生活节奏飞快的今天，如果一个人的精神压力太大，心灵上承担太多的重负，迟早有一天会被压垮的。

大家每天来去奔波，无非就是为了挣更多的钱，想让自己的生活质量更高一些，想让自己的孩子在同学面前更风光一些，想让自己的虚荣心有更多机会得以展现，等等。作家莎士比亚曾经对黄金这样诅咒过："金灿灿的黄金啊，你是人类共同的娼妇！你可以使美变丑，也可以使丑变美；你可以使错误变成正确，也可以使正确变成错误；你可以使活人变成死人，也可以使死人变成活人！为了得到这金灿灿的黄金，良家女子当娼妇，善良小伙成强盗！我诅咒你，可恶的黄金！"

我们都渴望自己过得更好，这本无可厚非，但是我们也要学会随遇而安。要知道，知足者常乐。生活和工作都需要一颗踏踏实实的心，一种实实在在的态度，而没有必要用过多的脂粉装饰自己的脸，更没有必要戴上假面具来伪装自己，真实地活着，轻松地活着，让自己走出那片累的影子，才算是真正抓住了生活和工作的真谛。想哭就哭，想笑就笑，收入多少无所谓，职位高低无所谓，面子大小无所谓，自己生活得坦然舒服才是最重要的。

人生并不是每次努力都会获得成功，有时候尽管失败了，但是追求成功的那份乐趣却是难得的。人的一生不能载着太多烦恼和忧愁踏上路途。只有内心坦然、轻松，才能无往而不乐。总而言之，保持一颗平常心，过着平凡的日子，这就够了。

那么，我们如何才能做到轻松，不负累呢？

仔细想想：人的一生不可能一帆风顺，重要的是自己怎么想。比如，你在上班的路上不小心被人撞了，就算是别人立即向你道歉，有时候你还是火冒三丈，事实上，撞到你的人心里也不好过。

转移自己的视线，遇到不开心的事情，可以选择一个安静的地方，自己坐下来或者躺下来，全身心地释放自己，或者想一些美好的事情，或者活动一下身体的大关节和肌肉，通过放松肌肉从而舒缓身心；或者慢慢地深呼吸，同时默念"放松"二字；或者邀朋友去做自己喜爱的事情，等等。这些能够让你不去想那些不开心的事情。

活着是很容易的，想要轻松地活着就不容易了，只要我们认真对待每一天，不要让自己的内心太累，以平常心态接受和欣赏生命中的每一天，无论前面的道路上还有什么坎坷等着自己，相信自己一定会处理好，让自己的人生更加辉煌灿烂的。

　　每个人都应该清楚自己的能力，不要好高骛远，也不能妄自菲薄。在平淡的时刻，我们可以对辉煌有所向往；而在辉煌的时候，我们也应该清楚地看到"楼外有楼"，拥有这样的心态才能在生活中游刃有余，轻松自在。

主宰自己的意志

> 每个人都有自己的意志，人生道路选择的正确与否，也取决于每个人自己。

在实践中，我们每个人都能体会到意志的自由。它不仅仅是一根被抛入水中作为判断水流方向的稻草，而是一位身怀绝技、本领高强的弄潮者，有能力乘风破浪，勇立潮头，并在很大程度上自己掌握航向。意志是不受任何东西约束的，我们能在实践中感觉到，也能清醒地认识到我们的意志没有被魔力迷住，没有让魔力牵着鼻子走。否则，如果我们不这样思考问题，那么，所有良好的愿望都会化为泡影，无法实现。我们全部的事业和行为方式，虽然遵循家庭的准则、社会的调节和公共制度，但是事物的实际进程都表明了人的意志是自由的。假如意志受到约束，就不会有责任感这一说。那教育、忠告、布道、谴责和惩罚又有何补益？如果法律不是人们的普遍信念，人们不把它普遍遵守，那么，法律又有什么作用呢？我们生活的每一天，每一时刻，我们的行为都表明我们的意志是自由的。

即使我们下定决心，要成为习惯和诱惑的主人，我们也不必拥有我们自身所具有的、更坚强的意志。

有一次，莱蒙雷斯跟一个年轻人说："现在，你做什么事情都必须自己拿主意。假如还依靠别人，你会陷入自己掘的坟墓，后悔莫及。对于我们来说，最容易形成习惯的就是意志力。你应该好好学习，做事情要果断。只有这样，你才能结束你漂泊不定的生活。

柏克斯顿认为：年轻人做事鲁莽，任性妄为，只有极少数的人能够下定决心坚持不懈。他在给他的一个儿子的信中写道："现在是你对自己人生方向作出选择的时候，你要抵制外界的不良影响，运用自己的聪明才智，果断作出决定。否则，你就会陷入无所事事的困惑之中，养成漫无计划和目标、做事效率极为低下的习惯和性格特征，成为一个懒散拖沓的年轻人。你一旦堕落就很难再找回自我。我坚信年轻人喜欢随心所欲，凭一时兴趣行事，我曾经就是那样……我生活中的乐趣和全部的成功，都源于我在与你现在的年纪相仿时所做出的转变。如果你在年轻力壮、精力充沛的时候，下决心勤勉用功、做事严肃认真，这样，你的一生都会因此而受益无穷。你也会感激你自己明智的决定。"

我们每个人生活中都会遭遇各种困难和打击，当这些挫折增多时，我们就会疲惫不堪，使自己不断衰弱而陷入绝望境地，因为当人们面临这样的处境时，个人的真正能力往往会转向模糊，虽说事情并不是那么糟糕，但我们也会因此失魂落魄。

这个时候，最重要的事情就是重新审视自己，评估自己。如果能够以合理、正确的态度进行评估，你会发现事情并没有你想的那么糟糕。

一天，一位五十来岁的先生找卡耐基寻求帮助与建议，他现在处在人生的低谷，十分绝望。他对卡耐基表示："我已经不行了！"

他悲叹地说道，他花了一辈子工夫努力所得到的资产毁于一旦。卡耐基问他："所有的都失去了吗？"他回答说："是的，一点也不错！现在，我已经上了年纪，即使想东山再起，也没有这个本钱了。我对自己一点信心都没有了。"

卡耐基非常同情他的悲惨境遇，不过，由于他烦恼的真正原因在于失去希望后一种悲观的阴影进入他的心中，进而扭曲了他的人生观，因此，卡耐基要想办法让他对自己的人生重拾自信。

卡耐基对他说："拿张纸来，列举你现在的资产吧。"他叹息地说："没有了，我现在是一无所有。"

"没有关系，让我们试试看。你太太还在你身边吗？"

"当然！她是了不起的女人。我们结婚已经30多年，不论发生什么事，她都不会离开我的。"

"好！就把这点写下来吧！——我的妻子依然和我同甘共苦，不会离我而去。现在谈谈你的孩子，孩子都还好吧？"

"我有两个孩子，他们都很乖巧。我很感谢他们曾经很贴心地对我说：'我们喜欢你，我们希望能够帮助爸爸！'"

"那么第二点就是——我拥有两个深爱着我且希望帮助我的孩子。"

"你的朋友对你怎么样呢？"

"我有真正称得上了不起的朋友，他们非常乐于帮助我。他们都曾对我表示乐于施以援助之手，但是他们能帮得上什么忙呢？实际上，他们并不能真的帮我做些什么！"

"好了，第三点也写下来吧——我有一些好友，他们乐于帮助我，也对我相当尊敬。关于你个人的诚信与认真程度如何呢？还有，你有没有做过错事？"

"我做事非常认真，从过去到现在，我都做正当的事，从没有做过蒙蔽良心的事。"

"好的！把第四点的答案写下来吧——诚实。那么，你身体怎么样？"

"身体很好，很少有感到不舒服的时候。"

"非常好！现在把第五点记下——良好的健康状况。对于我们国家，你怎么看，你认为她会繁荣昌盛吗？"

"是的，我认为是这样的，我想她是世界上唯一让我想定居的地方。"

"这是第六点答案——居住在充满希望的国家里，并且相当乐意居住于此。现在你看看自己的资产吧——一个了不起的妻子；两个乖顺的孩子；乐于帮助你并尊敬你的好友；诚实的人品，没有做过坏事；身体健康；居住在世上最优秀的国家。"

卡耐基让他仔细看前面列的资产，并对他说："你看吧！我想你完全拥有上面列举的这些资产。现在你还觉得自己一无所有吗？"

他笑着跟卡耐基说："之前我没有想过，也没有认真思索过我拥有这么多。不过，现在我认为事态并不如我想象的那般严重。或许我真的能够重来，我拥有这么多！"

就这样，他获得了东山再起的巨大力量。这些都是因为他转变了自己的心态。积极乐观的信仰与观念带领他走出消极的阴影，他的内心有了克服一切困难的强大力量！

从表面上来说，意志与坚持不懈和不屈不挠是同义词。但是，显而易见，任何事情都依赖于正确的方向和良好的动机。如果一个人追求的方向是感官的快乐，那么，坚强的意志可能是可怕的恶魔，而聪明的才智只不过是它的下贱的奴仆。但是，如果一个人追求的是真善美，那么，坚强的意志就是造福人类的君王，而聪明才智是人类最高财富的侍臣。

不做虚无缥缈的期盼

> 积跬步以至千里，积小流以成江海。漫长的积累最终会带来质的飞越。

有一则寓言是这样的，一个小男孩提着篮子去田里捡蘑菇，每捡一个他都觉得下次捡的肯定比这个还大，于是丢弃了这个再去捡，但下次捡到的反比前一个小。他当然不甘心，总想要捡到一个最大的，于是扔了再去捡。这样下来，他什么也没捡到，篮子空空如也。

我们中的大多数人都有过这种"捡蘑菇"的心态，好高骛远，眼高手低，结果小事瞧不起不愿做，而大事想做却做不来，最终英雄无用武之地，碌碌无为一事无成，曾经的梦想也化为泡影，只能抱怨自己，嫉妒别人。

诚然，远大的目标能激励我们不断前进，每个人都向往并且憧憬理想中的美好生活。但是最好的日子还是现在，身边比较清晰的、显而易见的事才是我们应该努力做好的。捡起脚下的"蘑菇"，无论是大是小，这样才会有机会捡到"大蘑菇"，理想中的美好生活才能实现。

每个人都能明白这个道理：一项大目标是由很多小目标组成的，很多的小目标汇集在一起就是一个大目标。要实现一个大目标就得先把那些小事做好，一点一滴，慢慢积累，最终会实现大的目标。古人云："不积跬步，无以至千里；不积小流，无以成江海。"说的就是这个道理。

不切实际的目标，想要一蹴而就的心态，不但违反自然规律，而且寸步难行，只会让自己失望，加深挫折感而已。获取成功的唯一办法就是立足现实，踏踏实实地走好脚下的每一步，不害怕困难和挫折，一步步缩短梦想与现实之间的距离，最终，我们都会实现自己的梦想。

踏踏实实地走好每一步，一步一个脚印，或许这样的成功不是那么的轰轰烈烈、惊心动魄，可细细琢磨一下：每天一步一个脚印，不需要付出太大的代价，只要努力就可以达到目标。脚步踏实，心里踏实，取得的成功才是踏实的。

洛杉矶湖人队负责人聘请了一位教练，年薪高达 120 万美金，他们希望教练有独特的训练方法，帮助队员们提升成绩。但是，教练并没有什么独特的训练方法，他对 12 个球员这样说道："我的训练方法和上任教练一样，但是我有一个要求，你们可不可以每天罚篮进步一点点，传球进步一点点，抢断进步一点点，篮板进步一点点，远投进步一点点，每个方面每天都进步一点点？"

这样的训练方式闻所未闻，负责人在心里偷偷捏了一把汗。但是，很快，他就打消了自己的疑惑，并且不得不佩服这位教练。因为在新季度的比赛中，湖人队大败其他球队，勇夺 NBA 总冠军。对于所取得的成绩，教练总结说，"因为 12 个球员每一天在 5 个技术环节中分别进步 1%，全队进步了 60%。每天进步一点，日积月累，进步当然是不可估量的。"

如沐春风，如鱼得水的生活是每个人所盼望的，我们都向往事业高升、飞黄腾达，但是这一切不会从天而降，需要我们忍辱负重，坚韧不拔，依靠自己的双手去创造。从身边的小事做起，踏踏实实。总有一天会过上自己梦想中的生活，实现自己远大的目标。

自信，并付诸行动

> 人并没有高贵与卑微之分，普通人只要足够自信，并付诸行动，一样可以取得成功。

在美国纽约布鲁克林贫民区，有一个黑人孩子。他有两个哥哥、一个姐姐、一个妹妹，家里的生活都靠父亲微薄的工资。他从小就在贫穷与受人歧视中度过。他对未来不抱什么希望。没事的时候，他一个人蹲在矮小的屋檐下，出神地望着远山的夕阳，神情沮丧落寞。

在他13岁那一年，一天，父亲递给他一件旧衣服并问他："这件衣服能值多少钱？""大概一美元。"他回答。"你可以卖到两美元吗？"父亲用探询的目光看着他。"傻子才会买！"他赌着气说。

父亲的目光真诚又透着渴求："你为什么不试一试呢？你也知道家里的情况，假如你卖掉了，我和你妈妈会轻松一些。"

实在推脱不掉，他点点头："我可以试一试，但不能保证将它卖掉。"

小心翼翼地把衣服洗干净，用刷子把衣服刷平，铺在一块平板上阴干。第二天，他在密集的地铁站叫卖了6个多小时才将衣服卖出去。

他一路奔跑着回了家，手里攥着辛苦得到的两美元。以后，每天他都热衷于从废品站里淘出旧衣服，打理好后，去闹市里卖。如此过了十多天，父亲突然又递给他一件旧衣服："你有办法把这件衣服卖到20美元吗？"

"这是不可能的，一件衣服怎么卖到20美元？它顶多只值两美元。"

"总要试一试才知道。"父亲启发他，"好好想想，总会有办法的。"

最终，他想到了一个好办法。他请自己学画画的表哥在衣服上画了一只可爱的唐老鸭与一只顽皮的米老鼠。这次，他选择在一个贵族子弟学校的门口叫卖。没多久，一个开车接少爷放学的管家为他的小少爷买下了这件衣服。那个十来岁的孩子十分喜爱衣服上的图案，一高兴，又给了他5美元的小费。25美元，对于他来说无疑是一笔巨款！这相当于他父亲一个月的工资。

回到家后，父亲又递给他一件旧衣服："你能把它卖到200美元吗？"父亲目光深邃地看着他。

他没有犹豫，接过衣服，思考把衣服卖到200美元的办法。机会在两个月以后到来了。当红电影《霹雳娇娃》的女主演拉佛西来到纽约宣传。记者招待会结束后，他猛地推开身边的保安，来到了拉佛西身边，举着旧衣服请她签个名。拉佛西没有准备，但是马上就明白了他的来意，谁会拒绝一个纯真的孩子呢。

在拉佛西签完名之后他开心极了，随后，他真诚地问道："拉佛西女士，我能把这件衣服卖掉吗？"

"当然，这是你的衣服，你想怎么处理都可以！"

他开心极了，当场叫卖这件明星签名的衣服。经过现场竞价，一名石油商人出1200美元的高价收购了这件运动衫。

家里所有的人都感到不可思议。父亲感动得泪水横流，不断地亲吻着他的额头："我原本对你卖出去这件衣服并没抱多大希望，没想到你真的做到了！孩子，你真的太棒了！"

晚上，父亲和他抵足而眠。

父亲问："孩子，从卖这3件衣服中，你明白什么了吗？"

"我明白你是在启发我。"他感动地说，"只要用心，总能想到办法。"

父亲点了点头，又摇了摇头："你说得不错，但这不是我的初衷。"

"我想让你明白，一件只值一美元的旧衣服都有办法高贵起来，何况我们这些活生生的人呢？我们有什么理由对生活丧失信心呢？难道比别人黑一点，穷一点，我们就有理由放弃自己吗？"

此时，他的心境豁然开朗，说道："一件旧衣服都能摆脱自己的命运，我又有什么理由妄自菲薄，放弃自己呢！"

自此以后，他发奋学习，严格要求自己，无论什么时候都对未来充满希望，他的生活便处处充满了阳光！

另外，对于一个成功的人来说，仅仅有自信还是不够的，同时必须做到坚守自己的信念，而无论在任何时候，只有这样，你才会不断地付诸行动。

有一个叫奥纳德·A. 崔吉亚的人，他来自密苏里州。他能够坚持信念、矢志不渝。1928 年，父亲留给崔吉亚价值 10 万美元的财产。令人意想不到的是，10 年之后，崔吉亚竟然破产了。在给朋友的信中，他写道：

"我父亲非常富裕，出手也很大方。当我还在读高中时，只要我没有钱花了，他就会让我去银行，从他的名下取出一张支票。到我上了大学之后，我就可以随便往支票上填数额了。大学毕业了，我依然无法理解金钱对我们的作用，并且，我不会赚钱，我只会填支票。

"父亲去世以后，对以后的生活，我没有任何的准备。他给我在密苏里河下游靠近密苏里州里辛顿的地方留下了一片肥沃的土地，我只能学着经营农场。在经济大萧条席卷全美国的第一年，我的账户就出现了赤字。没有办法，我只好拿一块土地抵押还债。谁知，经济并没有好转，我只好卖掉了那块被抵押的土地，用来还了贷款。就这样，我一直这样生活，抵押或者出卖土地来维持生活。

"终于，我破产了，我没有一点财产了。我必须找一份工作，赚钱过日子，否则将无法生活下去。然而，我这一辈子根本没有做过什么事情，我辗转反侧难以入睡——我就快生存不下去了。

"终于，我想通了，我必须得面对现实。'好日子一去不复返了，我的朋友，'我对自己说，'作为一个成年人，你应该表现得像一个成年人。靠自己去找一份工作养活自己吧！'

"我重新审视我的信念，思考我的处境。我相信这么一句话：'只要你愿意努力，在美国，机会总是均等的。'但是，我从来都没有亲自去验证过这句话。虽然当时的整体环境不好，工作机会也少，但是我有我的长处：身体健康，大学毕业，又接受过职业培训，并且，我从失败和错误中学到了宝贵的经验。现在，需要我立刻行动起来，不能把时间花在抱怨和悔恨上。

　　"处理好自己的生活，坚定信心，我就开始找工作。要知道，当时要找一份工作可不是件容易的事情——无论找什么工作。一旦颓丧情绪涌现出来时，我就强迫自己不要被那些消极的情绪所打扰，让自己相信：对于每一个有信念的人来说，美国都是一个可以找到自己位置的国家。时刻保持这个信念，我坚持下来。

　　"终于，我的信念帮助了我。我在堪萨斯城的联合财务公司找到了工作。我在那里愉快地工作了4年，后来我辞职了，我想重新回到农业方面上来。这一次，情况出现了转机。我慢慢地建立起信誉，拓展了我的业务。我不仅从事农场买卖业务，还兼顾做些其他的生意。经过这些努力，我获得了较大的成功。我所取得的这些成就都得益于我之前的失败，我获得了宝贵的经验，汲取了教训，所有的这些都是走向现在成功必备的。

　　"靠自己的努力，我赎回了自己的财产。同时，我获得了一个伟大的真理——我们必须拥有信念，但是如果我们有信念却不采取行动的话，这信念就跟没有一样。我把这一真理教给我的儿子，这比留给他们金钱有价值多了。"

　　这是一个令人深思的故事，崔吉亚先生从一个被宠溺而不负责任的孩子，成长为一个抱有信念、坚持信念，并将信念付诸实践的男人。在初受挫折时，崔吉亚先生曾像孩子一样逃避现实，后来，坚定的信念让他像一个真正的男人一样面对生活，创造新的生活。

　　约翰·久辛德勒博士在他的《如何度过一年365天》这本书中曾说过："成熟需要通过学习才能达到，而且往往要经历痛苦方能见效。"丽莲·海德莱恩夫人的事例证实了他的话。

性格开朗乐观的海德莱恩夫人是一个普通的家庭主妇和母亲，一天，海德莱恩夫人开车外出，不小心翻进了一条深沟中。

最初，医生误诊了海德莱恩夫人的伤势，判断她的脊椎摔断，但是在 X 光照片上看不出她的脊椎折断的情况，不过能看到骨刺脱离了外面的附着物。医生认为海德莱思夫人至少需要卧床休息 3 个星期，并将这个不幸的消息告诉了她。

"你要做好心理准备。"医生说，"你的脊椎已经严重硬化。也许在 5 年之后，你就不能动弹了。"

她后来回忆说："听了医生的话，我被吓到了，一直以来，我从没害怕过任何困难，可是现在却遇到了一个无法克服的困难，我的勇气和斗志也因为卧床的时间从 3 个星期向无限期延长而逐渐丧失了。我的内心越来越恐惧，也越来越软弱。有一天早上，我想清楚了，我跟自己说：'5 年时间并不短啊！我还能帮助家人做很多的事情呢。如果配合医生的治疗，再加上我的决心，或许我的病情能有所改善。没有做任何努力就向命运屈服，这不是我的个性，从现在开始，努力行动起来吧。'

"想到这些，我感觉自己对未来充满了信心。软弱和恐惧已经不复存在！我挣扎着下了床……新的生活就这样开始了。'继续！继续！继续！'我不断地这样告诫自己坚持下去。

"5 年后的一个清晨，我去重新拍了片，发现即使再过 5 年，我的脊椎也不会有什么问题。医生建议我要积极乐观，对生活充满兴趣，勇敢地活下去。而我也正是保持这种念头，只要自己能活动，我就不会放弃。"

这是一个典型的坚持信念走向成功的故事。当然，仅仅拥有信念还不足以使人走向成熟。但勇敢的确比怯懦要好，假如我们面临考验时却转身而逃，表明我们的内心是软弱的。只有我们的内心真正强大并且坚定，我们才能获得成功。不然，所有的理论都只是理论，不会有任何价值。

　　有一位成功者，她在介绍自己的成功经验时说："……坚持自己的理想，有理想的地方，地狱就是天堂。然后确定自己的目标，切合实际的目标。还需要信心，有时候，觉得自己做得到和做不到，其实只在一念之间。有了信心就投入进去，不要先考虑结果最后，你需要做的就是品尝胜利的果实，并得到更多的激情和信心。"

从简单的生活中寻找宁静

简单的生活才能让我们回归宁静，从容的日子才能展现真实的自我。唯有这样，才能获得真正的开心快乐。

不少的人容易被外界的诱惑所吸引，他们变得越来越虚荣，内心经常处于交织复杂的状态，很多人因此失去了心灵的宁静。为了早日拥有一套属于自己的别墅，或者为了拥有豪华的小轿车，奔波劳碌，心力交瘁，没有办法轻松地生活；或者是为了公司的职位提升，而无奈地让自己整天戴着一副假面具亮相于他人面前，长期隐忍……实际上，在很多时候，每个人都需要问一下自己：这些真的就是我们想要的吗？什么时候才能从这种状态中解脱呢？

有一个拥有数十名成员的俱乐部，成员都是头发灰白的老者，而且全都是单身人士。他们一有时间就聚集在一起饮酒、讲故事。该俱乐部的主要宗旨是在西部的高速公路上打发光阴，斯拉布城是他们最新的休憩站点。

伊尔玛·鲁思是其中成员之一，今天和她的两位朋友倚靠在一辆满是泥土的汽车后面，感慨地说："我从1991年起就成了全职旅游者，这种自由自在的生活才是我想要的。"事实上，他们都是年过60的老人了。

霍西·罗恩插言说："现在才明白那么多的家当都是自己不需要的，现在每天都有不一样的收获。"

埃尔伍德·威尔逊接着说道："整天无所事事难道就是我们所希望的吗？"他喝下一大口米尔沃基啤酒后说，"并不是这样。"是啊，他们上了年纪，完全可以退休休息，每天每夜地守在电视机旁，照顾儿女和孙辈的生活，谁愿意过这样的日子呢？事实上，他们更向往那条没有尽头的高速公路。

曾经有研究这种文化现象的学者发现全职旅游者现在已经超过了100万，而且他们的队伍还在不断地迅速扩大，而且目前已经有了专为以公路为家的老年人服务的医疗保险计划、网站等。

现在，越来越多的人提前退休，医学的进步也使更多的老年人更加健康长寿，一些新型车辆完全让他们将公路变成了自己的家。所以，许多人卖掉了房子，把家当存放了起来，把一辈子的积蓄换成金钱，开始了一种新的生活。他们乘坐着各式各样的车辆，冬季穿行于西部广袤的沙漠，夏季漫游于美丽的森林，之后再调转车头，向着新的目的地出发。

甚至，好多人都习惯了这种生活，再也不想回到以前的生活方式了。

佩吉·韦布是一名退休护士，5年前她和她老公把房子卖掉，就一直驾车漫游。一天早上，她说："从来没想过我有这样的勇气。我们的孩子已经独立了，我们住在空空荡荡的房子里，无所事事。所以我们就选择了现在的生活，这样的生活简单从容，我希望一直这样生活下去。"

是啊，现在的都市生活匆忙紧张，有太多人在虚荣心的驱使下，将自己的目光聚焦于物质和外表形象等方面而忽视了一种简单自由的生活方式，他们不知道，简单的生活才能让我们回归宁静，从容的日子才能展现真实的自我。这样才能真正地开心快乐。

美国著名哲学家梭罗曾说过："大多数豪华的生活，以及许多所谓的舒适的生活，不是必不可少的，反而成为了人类进步的障碍，有识之士更愿过比穷人的日子还要简单和粗陋的生活。"很多真切的实例，证明了这个道理：我们不快乐的原因就是因为我们想要的太多；当我们选择简单的时候我们的需求就越少，相对我们也就更加自由。

每天，我们都在跟时间赛跑，结果我们买到了称心如意的大房子，坐上了舒适美观的小汽车。但是，我们并没有因此而真正地快乐起来，生活反而变得错综复杂。所以说，我们不光要活着，还要简单、潇洒、快乐地活着，我们不要试图得到所有看似美好的东西，也不用为儿女考虑得太远，更不要成为房子和车子的奴隶。

现在，简单、从容的生活方式被更多的人接受。凡是明智者，都宁愿放弃奢华的生活，而选择让自己简单起来。选择简单的生活就是选择精神的自在，选择简单的生活就是选择心灵的单纯。欲壑难填的人是不会快乐的，况且，人的欲望是无止境的，物质是必须的但不是最重要的，精神上的满足才能让我们得到真正的快乐。

幸福就是简简单单地生活。比如，同学聚会上，我们见到了老同学，相信那种久违的感觉一定会带给我们几分温馨和激动；在遥远的异地，收到了来自亲友的明信片，来自远方的牵挂必能让我们更加欣喜，更加感动……

当然，并不是说放弃自己的理想和目标就会让生活变得简单，简单是指在百忙中调整自己的心态，从而走好接下来的每一步人生路；让生活变得简单起来，并不意味着让我们将对生活的热情放弃掉，而是从点滴中寻找生活的真谛，从那些点点滴滴的小事中获得充实与快乐。

总之，让我们放下生活的沉重，敞开心扉，以简单的生活哲学，对看待生活中的人和事，积极地面对人生，让自己虚假少一些，焦虑少一些，快乐多一些，舒畅多一些，从简单的生活中找到内心的宁静。

简单的幸福无处不在。一首我们喜爱的歌、一支动听的曲子，我们在欣赏音乐的同时，可以将纷乱了一天的心慢慢地静下来，也可以与家人共享，也可以边料理家务边听音乐；当我们疲惫不堪的时候，爱人为自己端来一杯茶、一杯咖啡，心情就会更加舒畅。

不雨花犹落，无风絮自飞

今天只做好今天的事，至于明天的事，留在明天再想。

在我们身边，有这样一些人，他们会情不自禁地为明天各种各样的事务忧虑不安："明天早上我能够准时醒来吗？""明天我生了重病怎么办？""明天我遭遇意外怎么办？"如此等等。

存折上的钱支出一点就少一点，但烦恼并不是如此。明天的事情该来的还是会来，今天的忧虑并不能够改变明天的状况。假如我们总是为明天可能出现的问题而忧虑，我们是不会幸福的，只会增加烦恼，增加压力。

有一个大学生，学的是医科专业，他的生活中充满了忧虑："毕业后我该做些什么事情，该到什么地方去？我能找到工作吗？万一找不到，我怎样才能谋生？我是不是该自己创业，那创业会不会很艰难？我能坚持下去吗？"他整天愁眉苦脸的，脑海中就想这些问题，弄得自己茶饭不思，寝食难安。

他的导师发现了他的问题，找到了他，意味深长地说："清扫落叶是一件极为辛苦的苦差事，但是昨天扫得很干净的院子，明天还是会落叶满地，因为只要一起风树叶就会落下来！傻孩子，不管你今天用多大的力气，还是要扫明天的落叶。既然是明天的事情，明天再去处理，今天就做好今天的事吧。为什么要活得那么辛苦呢！"

老师的话让这位学生恍然大悟。

我们每个人都有自己的烦恼，自己的忧虑，没有人能够随心所欲地生活。但"车到山前必有路，船到桥头自然直"。不要想太多有关明天的事，做好了今天就是为明天做准备，等明天的烦恼真来了再去考虑也为时不晚，明天的烦恼明天再处理，今天就做好今天的事，何必让自己那么辛苦呢！"

也有人会这样说：人无远虑，必有近忧，理智的人都会为明天做打算的。是的，人是应该对明天有所计划，可是如果计划变成了对明天的忧虑，那就不算计划而是重担了，远虑也就成为了近忧。打个比方说，明天也许会下雨，但是今天是晴天，那你今天打着伞有什么意义呢？

"不雨花犹落，无风絮自飞"，自然界此消彼长。忧虑的心灵解不开明天的"千千结"，做好今天的事情又何须为明天忧心呢！我们不是超人，精力总是有限的，忧虑的心灵撑不动明天的"许多愁"。今天的烦恼今天解决就行了，不要给自己增添无谓的烦恼，更何况，你的忧虑也许明天不会发生呢。

布莱克伍德有着几乎一帆风顺的生活，即使遇到一些烦心事，他也能从容不迫地应付。好景不长，在1943夏天，战争到来，他的麻烦也跟着接踵而至：他所办的商业学校因大多数男生应征入伍而出现严重的财政危机；他的大儿子在军中服役，生死未卜；他的女儿马上要高中毕业了，上大学需要一大笔学费；他的家乡一带要修建机场，房产土地基本算是被无偿征收，只赔偿实价的十分之一。

布莱克伍德下午坐在办公室里烦恼这些事情，他把这些担忧一条条地写下来，冥思苦想，却束手无策，最后只好把这张纸条放进抽屉。一年半之后的一天，在整理资料时，布莱克伍德无意中又发现了这张便条，但是纸上所列的烦恼一样都没有发生。他担心他的商业学校无法办下去，但是政府却拨款训练退役军人，他的学校很快便招满了学生；他的儿子毫发无损地回来了；在女儿将入大学之前，他找到了一份兼职稽查工作，帮助她筹足了学费；在他被征收房子的附近因为发现了油田也没有被收走……

通过这些事情，布莱克伍德得出了一个结论："我以前也听人们谈起过，世界上绝大部分的烦恼都不会发生。对此我一直不太相信，直到我再看到自己这张烦恼单时，我才完全信服！为了根本不会发生的情况饱受煎熬，真是人生的一大悲哀！"

所以，我们没有必要担忧明天可能会来的烦恼，把今天过好就行了。这样，我们的内心也会更加平静，生命也会更加绚烂！

> 我们所设想的99%的忧虑是不会发生的，没有必要为无法预知的将来而不开心。与其为明天忧虑，不如为今天努力。与其活在不可知的明天，不如活好已知的今天；与其活在尚未到来的明天，不如活好当下的今天。把今天的事情做好，对将来的生活怀抱希望，明天发生的事情明天再想办法解决，这样的态度对解决好困难也是有好处的。

原谅别人就是解脱自己

生活中大多数都是普通人，思想境界比不上圣人。无法去爱我们的仇敌，但为了自己的健康和快乐，至少我们要原谅他，忘记他，这是最明智的做法，完全可以做到。

约翰是艾森豪威尔的儿子。有一次一位朋友问他："您是否听说过你父亲曾与什么人结怨或对谁因恩怨而耿耿于怀的事或人？"他回答说："没有，对于他不喜欢的人，他从不会浪费一分钟的时间。"

著名哲学家叔本华认为："不要怨恨任何人，不管发生什么事情。"

做一些超出自己能力的理想中的事情是忘记伤害过自己的人的好办法。这样的话，曾经的侮辱和敌意就显得无关紧要了，理想之外的事情我们没有时间去计较。看一个例子。

密西西比州树林里在 1918 年曾经发生了一件恐怖的事情，差点引发了一场火刑，黑人教士劳伦斯·琼斯差点被烧死。

当时，人们在战争时期总是比较敏感的。密西西比州中部盛传着这样的谣言：德国人正唆使黑人起来叛变。劳伦斯·琼斯被人控告，说他激起族人的叛变。有白人在教堂外面听他讲道，他大声说："每个黑人都应该为了生活更好而穿上盔甲去战斗。"

一些年轻人听到"战斗"、"盔甲"这些言辞就认定了他的罪。他们趁着黑夜纠集了一大群人，然后到教堂捆住了这位教士，把他拖到一英里外的荒野里，吊在一大堆干柴上面，最后点燃了干柴。眼看就要烧死他了，一个年轻人说话了："还是让这个将死之人说点什么吧。"

劳伦斯·琼斯为自己的生命和理想发表了一番演说，此时他正站在柴堆上，脖子上套着绳圈。1907 年毕业于爱荷华大学，他心地善良、博学多才，在音乐方面也很有天赋，因此，他的老师和同学们都很喜欢他。毕业后他谢绝了一家酒店的职位，还谢绝了别人资助他到音乐学院深造的美意。因为他有更加崇高的理想。他读完布克尔·华盛顿的传记时，就决心把自己的一生都奉献给教育事业，让那些贫困地区的孩子也能受教育。就这样，他回到了贫瘠的南方，密西西比州杰克镇以南 25 英里的一个小地方，用自己的手表当了一点钱，在没有教室，树桩当桌子的困境下教书育人。

那些愤怒的纵火者耐心地听着劳伦斯·琼斯的人生经历，他说自己所做的一切就是为了教育没钱上学的男孩和女孩，把他们训练成优秀的农夫、工匠、厨子、家庭主妇。曾经也有许多白人资助他土地、木材、牛和钱来帮助他建立学校。

琼斯用诚恳的态度讲述他的生平，让人很感动。自始至终，他没哀求一声，他只是让别人知道他的想法。那些想烧死他的人也为之动容。人群中有个曾参加过南北战争的老兵说："我相信他所说的话，他提起的一些白人有我认得的。错的是我们，我们应该帮助他而不是烧死他，因为他做的都是好事。"说完，他摘下帽子，和那些莽撞的青年一起为琼斯捐了 52.4 美元。

有人在事后问劳伦斯·琼斯是否怨恨那些绑架他想要伤害他的人。他的回答让我们敬佩，他说："我太忙了，很多理想等着我去实现，根本没有空余时间怨恨别人。"他的心思都用在超出他能力的伟大事业上，哪有时间怨恨别人呢。他又说："我根本没时间跟人吵架，也没有时间后悔。怨恨别人是低下的行为，谁也不能强迫我那样做。"

依匹克特修斯在 1900 年前就说过：种什么因得什么果，自己犯过的错终究要付出代价。明白这个道理的人就不会去跟别人吵架生气，更不会辱骂怨恨别人。

卡耐基在年幼时期，每当全家聚在一起祷告时，家人都会从《圣经》里挑出一章一句来诵读，然后全家一起跪下来念。"爱你们的仇敌，善待敌对自己的人，祝福诅咒你的，为凌辱你的人祷告。"父亲严格地照着做，因此他的内心是非常宁静的，就算是君王也无法达到的境界。

想要每天都快乐开心吗？那么，记住这条原则：永远不要试图报复仇人，否则我们就会让自己受到极大的伤害。对于我们不喜欢的人，不要在他身上浪费时间，这是艾森豪威尔教导我们的。

有时候，我们会觉得有些事、有些人不可原谅，而当回头看时，我们会觉得其实一切也没有那么严重。在生命的过程中，我们应该努力地去改变那些能改变的，无论过程有多么艰难和复杂，我们必须全力以赴；而对于有些我们确实改变不了的，则应该试着理解和接受。很多时候只有我们真的接受了不可改变的事实，内心才会得到平静，而人往往在平静的时候更易作出正确的选择。

人生不能保存

生命只在一瞬间，花开堪折直须折，有些东西美丽的光华只有在用的时候才会展现出来。

人生只有尽量去快乐地生活才会少些遗憾。

"只要买了房子，我就去买漂亮的衣服，现在去买实在太奢侈了……"

"只要小孩子结了婚，我就可以轻松地去外国旅行……"

"只要这笔生意谈成了，我就会好好吃一顿，犒劳犒劳自己……"

大多数人都喜欢牺牲现在，换取不可知的未来，牺牲今生今世的辛苦钱和时间，去购买后世的安逸。可是，人们不知道的是，时间构成了我们整个人生，我们不能存储时间，更不能珍藏时间。错过的时间不会再回来，失去了的永远也不再来。

有一个寓言故事是这样的：

很久以前，有一个富翁，他家地窖里珍藏着很多葡萄酒，其中一坛品质上乘、历史悠久的被深埋于地，只有他一个人知道。州府的总督登门拜访，富翁提醒自己："不，不能开启那坛酒，这酒不能仅为一个总督启封。"国王和他共进晚餐，他又想："国王不懂这坛酒的价值，喝这种酒过分奢侈了。"甚至在他儿子结婚那天，他还自己告诉自己："现在还不行，不是拿出这坛酒的时候，我要等到最重要的时刻才能拿出来。"

时间慢慢地过去了，富翁地窖里的葡萄酒一坛一坛地都被喝了，只有那坛深埋地下的珍藏没有动过。因为没有人知道它在哪里。终于有一天富翁死了，地窖里所有的酒都被搬了出来，唯独那坛没人知道在哪里的酒没人动。一年又一年，它醇香的味道永远都没有人知道……

平白冷落美丽的东西就是一种糟蹋。总是想着等到方便的时间再去享受，这样生命中很多美好的东西，很多幸福的时刻就会被错过。就像是在合适的时间没有做应该做的事情，事后想起来就会是一种遗憾。

《我要去桂林》这首歌的内容是这样的："我想去桂林呀，我想去桂林，可是有了钱的时候我却没时间……"当我们没钱的时候，我们有时间，可是当我们有钱了，我们又没时间了。也许这就是很多人无法遂愿的主要原因吧！我们大多数人的生活也是这样的。

有一篇文章是由一个 80 多岁的老人写的，大概内容是这样的：

这一生，我每天都在忙碌：做个贴心的女儿，温柔的妻子，慈祥的母亲，勤劳的员工，我一刻也不能停下来。直到现在，生命将灭，当我不得不停下来时，才深深地意识到，我还有很多事情没有做，有很多话来不及说，很多东西都还没有吃过……我的人生真是太失败、太遗憾了。

假如我能重新活一次，我要享受更多，每一刻、每一分、每一秒。假如真的能重新来过，我想做些什么呢？我会在早春赤足到户外踏春，在深秋里买自己喜欢的呢大衣，我还要去游乐园坐几次旋转木马，多看几次日出，跟朋友们一起欢笑，只要能给我一次重来的机会。遗憾的是，你要懂得，不可能重新来过了……

我们的人生就像是有期限的支票。很多东西生不带来死不带去，现在不用，以后就没有机会了。与其等着死后白白地浪费掉，还不如现在开开心心地享受一把。

吉阿提尼是意大利记者，一次，他负责访问俄罗斯著名钢琴家安东·鲁宾斯坦，告别时，鲁宾斯坦热情地送给吉阿提尼一盒他最喜欢抽的雪茄。吉阿提尼非常激动，他高兴地说："我一定会把它们好好地珍藏起来的。"

鲁宾斯坦回答说："千万不可以，你一定要现在把它们抽掉。这些雪茄美妙如人生，人生是不能保存的，你一定要尽量享受它。你要知道，生活缺少了爱和享受是没有任何乐趣可言的。"

鲁宾斯坦有一句名言："我们要尽情享受人生，因为它是不可保存的。"

法国作家蒙田说过，享受人生，是至高神圣的美德。亚历山大大帝在短短 13 年中，以其雄才大略东征西讨，建立了一番霸业。尽管如此，他也不忘享受生活。

生命是短暂的，不要考虑太多，该做就做，该吃就吃，学会慷慨地及时行乐，及时采撷生命意义的花朵，及时享受身边的美好事物吧。只有这样，我们才会体会到生活的美好，生命的可贵。在有生之年，我们可以很满足地对所有人说："我的人生是没有遗憾的，我努力了，我也享受了。"

> 人生中有些东西值得我们珍藏，有的是因为太珍贵，有的是有重大的意义。但有时候及时"消耗"，反而比珍藏更有意义。比如说，一瓶好酒，和家人、朋友坐在一起品尝它，大家一起津津乐道地赞美它的醇香与它的美妙，会更加给生活增添光彩，这不比把它珍藏起来更有意义吗？

每个生命都不卑微

在现代礼仪中，尊重原则是基础，是最重要的。一个人无论有多么大的成就，都要在尊重的基础上，平等地对待每一个人。

生命的高贵与卑微区别有多大呢？

每个人的生活都是不一样的，如有的人事业风光，有的人下岗失业；有的人腰缠万贯，有的人贫困潦倒……因为这些，有些人习惯在不如自己的人面前大耍派头，威风凛凛，盛气凌人于无形，他们不知道，这样不尊重别人只会招来别人的反感，让自己也下不来台，只能自取其辱。

萧伯纳是英国的大文豪，有一次，他在街头散步时见到一个非常可爱的小女孩儿，他和那个小女孩玩了很久。分手时萧伯纳笑着对小女孩儿说："小姑娘，回去告诉你的妈妈，今天和你一起玩的是伟大的萧伯纳。"

让人没想到的是，这个小女孩儿也学着萧伯纳的口气说："好，你回去了也要告诉你的妈妈，今天和你一起玩的是伟大的苏联女孩儿安娜。"

萧伯纳的心被这个小女孩儿的话深深触动了，他立刻意识到了自己的傲慢，并向小女孩儿道歉，两个人高兴地道了别。后来，萧伯纳每当回想起这件事都感慨万千，他说："应该平等对待任何人，无论这个人有多么伟大的成就。"

你对别人高傲，别人也会一样对待你。小女孩儿的话深深地触动了这位大文豪的心，萧伯纳意识到了自己的错误，他意识到自己应该谦虚恭敬，因此，向女孩诚恳地道了歉，从而赢得了女孩儿的喜爱和尊重，也显示出了一代伟人的风范。想让自己庄严就得对别人恭敬。

一个人无论是抬高还是贬低自己，都不利于建立和谐的人际关系。在现代礼仪中，尊重原则是基础，是最重要的。一个人无论有多么大的成就，都要在尊重的基础上，平等地对待每一个人。尊重就是待人有礼貌，盛气凌人不行，卑躬屈膝也不行。

每个人的生命都是平等的，并不因官职、地位、钱财的多少而又所差别。每个生命都不卑微，所有人的人格都是平等的，世界上谁也不会比谁高贵多少。"法兰西第一帝国皇帝"拿破仑就经常告诫自己的部下："世界上所有的生物都是有用的，我们不能看轻任何一样东西。"

孔子曾经说过："君子不重则不威。"这里的重是庄重的意思，不是生命贵重；威乃威严，绝非八面威风。那些取得伟大成就的人，无论居于何等高位，身份多么尊贵，他们都有一颗慈悲的心，对身边的每一个人都十分尊重，这种品德才是最伟大的。

对别人恭敬就是尊重别人。当你具有这种品德时，你就会设身处地地为他人着想，考虑别人的感受和需求。"你希望别人怎样对待你，你就应该怎样对待别人"，想要获得别人的尊重，你就要尊重别人。退一步说，就算他们不会给你丰厚的回报，尊重别人会为自己带来好人缘，好口碑，而自己也不会损失什么。

斯路肯夫是苏联的大文豪，有一次，他在公园里散步时看到一个衣衫褴褛的乞丐躲在公园的角落。乞丐每次向人乞讨时都很不好意思，但是很多人冷漠地走开了。斯路肯夫很同情这位乞丐，他想要给这个乞丐一些钱，遗憾的是，他在身上找不到一分钱。

乞丐期盼地看着他，斯路肯夫觉得很不好意思。他本想大步走开，摆脱这种尴尬，想想又觉得不太合适，于是便伸出手去，紧紧地握着乞丐那双脏兮兮的手，真诚地说："真是不好意思，今天出门我忘了带钱。"

此时，一种从未有过的满足感荡漾在这个乞丐的眼中，他紧紧地握着斯路肯夫的手，感动地说："先生，谢谢您。您已经给我施舍了，我这么肮脏，这么贫寒，您没有嫌弃我，还跟我握手，这就是对我最好、最大的施舍了！"

斯路肯夫没有给乞丐一分钱，但是，他却获得了乞丐最真诚的感激，这是因为在别人都冷漠地离去时，这位伟大的作家并没有表现出丝毫的嫌弃之意。他发自内心的尊重，让乞丐原本伤痕累累的心有了些许温暖的感觉。

人与人之间的尊重在这个故事里体现得淋漓尽致，斯路肯夫高尚的人格也是值得我们学习的。

　　生命中和心灵上最珍贵的礼物就是尊重，尊重也是最令人温暖和感动的，在任何场合都应该尊重别人。人格的高贵不会因为生活的境遇而发生改变，任何人都渴望被尊重。我们每个人都应该做到尊重每一颗心灵，让每颗心灵都有尊严。

记住该记住的，忘记该忘记的

　　每个人生活中都会遇到消极的、对我们不利的信息。学会保持自己的心理健康，不为烦恼所伤，宠辱不惊，幸福的生活就会伴随着你。

　　生活里会发生很多事情，这些事情会留在脑海里成为记忆。但我们敢说，在诸多的记忆里，有两类最多，一个是美好，一个是仇恨。一般来说，我们记住的仇恨比美好更加牢固，这对我们生活是没有任何好处的。

　　已经犯过的错误我们不要耿耿于怀。《坛经》上说"改过必生智慧，护短心内非贤"，这句话有两个意思，一个是说知错能改善莫大焉，另一个就是让人们不要总停留在过去，无论是成功还是失败，都已经成为过去，现在和未来还需要你去创造。

　　许许多多的片段组成了我们的一生，而这些片段可以是连续的，也可以是毫无关系的。说人生是连续的片段，是因为人的一生平平淡淡，周而复始地过着循环往复的日子；说人生是不相干的片段，是因为人生的每一次经历都属于过去，在下一秒我们可以重新开始，过去的所有不幸和不如意我们都可以忘记掉。

　　过去的事情让很多人耿耿于怀，很长时间不能开心。其实，那些都是陈年旧账了。假如因此而不能解开心结，心态也不会开朗，长期如此就会损害身心健康。岂不知，有的事情须刻骨铭心，永世不忘；有的事情则要尽快淡忘。所谓事来则应，事去则净。我们应淡忘人生中的挫折与不幸，淡忘流言蜚语，淡忘冷遇和种种烦恼，这样才能摆脱往事的阴影，保持随缘常乐的状态。紧紧纠缠在过去的痛苦与不快中，到最后伤害的只是自己，不仅是身心受到伤害，身体也会跟着遭殃。

那些能够快乐生活的人都是拥有平常心的人，他们忘却烦恼，所以，快乐与幸福就永远在他们身边。世上最有力量的是宽恕，是慈悲。拥有平常心的人能够淡忘不快，抛开烦恼，使自己的生活充满祥和与友爱。

我们应该铭记别人对自己的恩德，忘记自己给予别人的恩惠。正所谓："人对我有恩不可忘，我对人有恩不可不忘。"若是总记着自己对别人的恩惠，就可能想让别人回报自己，这样的心态就像那些放高利贷的人。我们一定要有"虽行布施而不求回报，作而不执"的智慧，如此，我们才能忘却那些烦恼，快乐的生活。

我们不要去怨恨那些伤害过自己的人，因为那只是在伤害自己，对别人一点影响也没有。即使在不如意的环境中，也要努力营造一个充满欢乐与友爱的氛围。想想我们怨恨的人的长处，想想他对自己做过的好的事情，这样，我们的心情就会好很多，烦恼也会跟着烟消云散的。如此，生活也会幸福很多。

因为过去的事情而不开心，那只能伤害自己，每个人的人生都是短暂的。慈悲与宽恕是世界上最有力量的，而怀恨、不满和烦恼是对我们最有害的。如果把那些不良的情绪都融化掉，什么都可以战胜。因此，我们不能计较过去，尤为应该宽恕伤害我们的人，因为宽恕别人就是爱护自己。

第五辑
让日子如行云流水般快意

　　每个生命在行进的过程中，身上多多少少都会背负着一些包袱，这些包袱或是天生的，或是人们强加给自己的。正常情况下，这些包袱大多属于一种生活累赘，无形中拖累了我们的事业和生活。因此，为了让我们自己的生活更加快乐，人生更加辉煌，就必须放下多余的包袱，学会去爱别人、爱自己，富有激情地过好每一天，在不断进步中拥抱自己的精彩。

激情具有魔法般的力量

我们不能整天坐等危机的来临，而应做好随时接受挑战自我的准备，让潜在的激情迸发出来，从而不断激发自己生命力量的源泉。

现实社会中，一些人从生活中败下阵来，另一些人在职场上没有站稳脚跟，他们到处抱怨的同时，从来没想过自己失败的根源在于自己没有激情。因为，无论是在工作中，还是在生活中，每一个成功人士都会将身体里的激情激发出来，而那些失败人士却不会巧用此法则，道理似乎很简单，每个人都懂，若只是将工作作为糊口的工具，那么自己将不会有任何发展。

实际上，我们每个人都有自己的理想和愿望，每个人都有向上攀爬的权利和自由，每个人都想成为人群中的佼佼者。无论在生活和工作中受到任何挫折，一定要告诉自己：我要勇敢地爬起来，去寻觅一种魔法力量，让我们的激情瞬间迸发能量。因为只有这样，我们才能在仅有的生命里，走向那成功之巅。

那么，我们如何才能让自己的激情狂风暴雨般地迸发呢？

第一，要喜欢工作和生活。以百分百的精力投入到简单的生活和工作中，将热情激发出来，这才是获得最终成功的制胜法宝。无论自己有什么样的目标和理想，只要耐心专注于自己喜欢的事物，就会让激情迸发出来，并且这种积极主动的情绪将会把自己带入到一个最佳的境界。总之，只有我们迸发了全部的激情，才能激发我们的创造力，从中深切感悟生活和工作的真谛。

第二，要不断地追寻和超越自我。无论是生活还是工作，人难免有时心生疲惫，比如，我们很喜爱的一件东西在手里时间久了，不免有一天会有玩腻了的感觉。或者，我们很喜欢吃的一种食物，不免有一天，我们很快就会吃腻了。因此，要在生活和工作的时候不断给自己增加新鲜感，时刻提醒自己不要总是活在当下，要不断追寻和超越自我，将激情激发出来，才能成就自己的事业和成功。

第三，要时刻保持积极的心态，将恐惧狠狠地扔到一边。我们要始终保持这种积极的心态，与此同时，身体就会获得无数新的动力和力量，其实这就是一直暗藏在内心的激情。可以这么说，这个世界上，真正可怕的是自己内心的恐惧，所以不管遇到任何困难，都要让自己的心克服这种恐惧，因为往往在恐惧过后，便是久违和寻找的激情，总之，我们要敢于抛弃恐惧，欢快地迎接激情的到来，因为激情可以指引我们走向人生的最高峰。

第四，要将自己的目标拉长。曾经有人说过这样的话，凡是一些最后没有成功的人，是由于其过分局限于小目标，而没有拉长自己的目标，从而失去了追求和努力的动力。因为只有那些看似完不成的目标最有可能将自己身体里的激情激发出来，让自己更加奋发向上，努力争取、取得成功。

第五，要敢于竞争，正视竞争。在现代职场中，无论我们自己有多么完美、多么出色，总是会有更优秀者在超越我们，正所谓"天外有天，人外有人"。因此说，我们在谦虚谨慎的同时，还要迸发出自己的激情，在弱势的方面不断完善自己，努力赶超他人。无论现在把自己定格在什么位置，我们都不要轻易退出竞争的舞台，要参与竞争、敢于竞争、正视竞争才能有成功的希望。

第六，要敢于在危机中求生存。危机往往是激情迸发的导火线，因为危机能够刺激我们竭尽全力向着目标前进。当然，我们不能整天坐等危机的来临，而应做好随时接受挑战自我的准备，让潜在的激情迸发出来，从而不断激发自己生命力量的源泉。

总之，要让自己生活在打破逆境的快乐时光里，只有这样，我们才能尽享人生的忧与喜、悲与乐，这样的人生才不会留下任何遗憾。

有的时候，不管做什么样的事情，我们总是因为自己状态不佳或者精力不够旺盛，将首要事情搁置在旁边，或者迟迟不肯去付诸行动，而是静静等待灵感的到来。只知道拖延和等待是万万不行的，我们要想让事情达到完美，就必须在自己的身上寻找那股魔法般的力量，不断向前，敢于承担，不怕犯错，不怕失败。尽管是失败了，偶尔自我解嘲一下不失为上策。

用现实的眼光看生活

> 生活是现实的，也是客观的，而现实的存在又是遵循自身规律在发展变化的，所有试图改变它、违背它、不管不顾的人，除了证明他性情浮躁以外，他也没有任何快乐而言。

生活中，有快快乐乐，也有苦闷连连。快乐时无须大喜大乐，因为快乐的长度并不长；苦闷时也无须大悲大痛，因为苦闷的长度也不会太长。生活的内容其实有很多，我们不要妄自菲薄，因为那些能让我们快乐的事情也同样能使我们痛苦，所以我们不要因为得到而欣喜若狂，也不要因为失去而郁郁寡欢。

有一位年轻人与情人约会，早早就来到树下转来转去。这时候，一位老禅师来到他身边，拿出一枚纽扣对年轻人说："你将纽扣向右转，你就可以穿越时间，想多远就有多远。"

年轻人试着将纽扣转动，情人出现了，含情脉脉地看着他。他心里想要是现在就能跟她结婚，那该多好啊！他又接着转动，眼前出现这样的场景：偌大的场地，亲朋好友欢聚一堂，丰盛的酒席，他和情人并肩而坐，随着管乐声响起，令人陶醉。他抬起头，盯着妻子明亮的双眸，又想如果世界上只有他俩该有多好。他再次转动纽扣，立刻夜阑人静……

他开始加速旋转纽扣，他有了儿子，后来又有了孙子，瞬间已是儿孙满堂。然后儿孙们高中进士，受到追捧。纽扣转到最后，年轻人已是老态龙钟，躺在床上，几个不孝儿孙把家产挥霍一空，更狠心地把他扔到荒郊野外。面容憔悴的老人仰面跌倒，成为乌鸦老鼠的盘中餐。

年轻人被眼前的景象震撼，像泄了气的皮球。正当他万念俱灰的时候，禅师收回了这枚纽扣。于是，年轻人又回到了那棵枝繁叶茂的树下，继续等待着他那未到的情人。

正如年轻人所看到的那样，因为世事无常，在世俗的快乐中很难找到永恒的幸福。当你快乐或者痛苦的时候你都要想这些不是永恒的。只有这样才能做到得意时不忘形、不贪恋，失败后也不灰心、不气馁。

我们所面临的生活境况无论是好是坏，都已是摆在我们面前的事实了，而且它的发生和存在自有它本身不能左右的原因，而对此最理智的态度就是坦然面对，过好自己的每一天。

在追求某种目标时，即使举步维艰，仍要抱有希望。事实也证明，当你往好的一面看时，事情也会如你所想的那样走向成功。

一个拥有积极心态的人绝对不会是一个懦夫。他相信自己，他了解自己，遇到困难从不畏惧，能时时刻刻战胜困难。他会从所发生的一切事情中掌握对自己最有利的一面。他所坚持的原则是，不断地将阻力转化为动力。或者说，积极的心态能使一个懦夫成为人们心目中的英雄，从心志柔弱变成意志坚强，由软弱、消极、优柔寡断的人变成坚强、积极、果断的人。

著名心理学家威廉·詹姆斯说过："世界由两类人组成，一类是意志坚强的人，另一类是心志薄弱的人。后者面临困难挫折时总是逃避，畏缩不前。面对批评，他们极易受到伤害，从而灰心丧气，等待他们的也只有痛苦和失败，但意志坚强的人不会这样。他们来自各行各业，有教师、有体力劳动者、有商人，有母亲、有父亲，有老人、也有年轻人，然而内心中都有股与生俱来的坚强特质。所谓坚强的特质，是指在面对一切困难时，仍有内在勇气承担外来的考验。"

在纽约附近有一个小镇，镇上有一个男孩叫吉姆，他十分可爱，也是个男子汉，一个意志坚强的人。他是个天赋异禀的运动好手。不过在他刚入中学不久腿就因为意外瘸了，无缘无故恶化为癌症。医生告诉他必须动手术，而且将切掉他的一条腿。出院后，他拄着拐杖返回学校，高兴地告诉朋友们，说他将会安上一条木头做的腿："到时候，我便可以用图钉将袜子钉在腿上，你们谁都做不到。"

　　足球比赛新的赛季即将开始，吉姆立刻回去找教练，问他能否当球队的管理员。在练球的几星期中，他每天都准时到球场，并跟着教练学习攻守的沙盘模型。他的勇气和毅力迅速感染了全体队员。有一天下午他没来参加训练，教练非常着急。后来才知道他去医院做检查了，并得知吉姆的病情更加恶化，或已经发展为肺癌。从医生那里得知："吉姆只能活6周了！"

　　吉姆的父母决定不将病情告诉他。他们希望在吉姆生命最后的时期，能尽量让他过几天正常日子。因此，吉姆又回到他热爱的球场上，带着满脸笑容来看其他队员练球，给其他队员加油鼓劲。因为他的鼓励，球队在整个赛季中保持了全胜的纪录，同时也打破了球队以往最好的成绩。为庆祝胜利，他们决定为吉姆举行庆功宴，准备送一个全体球员签名的足球给吉姆。但是餐会因为吉姆的身体太虚没到现场有所遗憾。

　　几周过后，吉姆又回来了。他这次是来看足球赛的。他脸色十分苍白，但是难掩他愉快的心情，他满脸笑容，和朋友们有说有笑，丝毫没有因为病痛而影响到他的心情。比赛结束后，他来到教练的办公室，整个足球队的队员都在那里。教练还轻声责问他："怎么没有来参加餐会？""教练，你不知道我正在节食吗？"他巧妙地用智慧回避了另令他尴尬的局面，而是用满脸笑容掩盖住脸上的苍白。

　　其中一位队员拿出要送给他的胜利足球，说道："吉姆，因为你，我们才能获得胜利。"吉姆含着眼泪，轻声道谢。教练、吉姆和其他队员继续谈了谈下个赛季的计划，然后大家互相道别。吉姆走到门口，以坚定冷静的目光回头看着教练说："再见，教练！"

　　"你意思是说，我们明天见，对不对？"教练忙机智地问道。

　　吉姆的眼睛亮了起来，坚定的目光化为一种微笑。"别替我担心，我没事！"说完话，他便离开了。两天后，吉姆离开了人世。原来吉姆早就知道他的死期，但他却一直乐观开朗。这说明他是一个意志坚强、积极思考的人。他将悲惨的事实转化为富有创意的生活体验。

或许，有人会说，他结果终究会面对死亡，积极思想最终也未能帮他多少忙，这并不完全对。至少吉姆知道凭借信仰的力量，在最坏的环境中创造出令人振奋而温暖的氛围。他不像鸵鸟般将头埋进沙堆，逃避事实。他完全接受了命运，而且坚定信念不让自己被病痛击倒，他从未被击倒过。虽然他的生命是短暂的，但他努力地活过，把勇气、信仰与欢笑传递给他周围的人们。一个能做到这一点的人，你能说他的一生不是成功的吗？

这就是积极心态的力量，这就是意志坚强的人，不能随便就被打败，这就是他倾尽一生所勇敢面对的完美人生。

世上没有永远的好运，也没有永远的厄运；没有永远的快乐，也没有永远的痛苦。在快乐中我们要感谢生活，在痛苦中我们也要感谢生活，因为生活原本就是美好的，生活的艺术就是学会在失去一切的情况下能够做到坦然接受。生活本身既不是祸，也不是福，它是祸福的容器，就看自己把它看成什么。

像雄鹰一样展翅翱翔

> 我们每一个人，都应该去选择做一只展翅翱翔的雄鹰，在蔚蓝的天空翱翔，并划出自己美丽的弧线。

我们不做路边四处摇摆的青草，我们要做立于高山之巅的苍松；我们不做缓缓而流的小溪，我们要做一望无际的沧海；我们不做叽叽喳喳的麻雀，我们要做翱翔于蓝天的雄鹰，飞翔出一段最美丽的弧线。

从前有三只一起生活的小鸟，有一天，它们一起从巢里飞出来。

其中的一只飞上树梢，当它看到在地下跑着的鸡、鸭、羊群时，认为自己可以翱翔蓝天，所以就心满意足地停留在树梢。

而另外两只继续向远处飞去，一只小鸟飞向了云端，它看到了漂亮的云彩，于是就停留了下来。另一只则忍受着孤单和寂寞，不停地向上飞着，它决定要向太阳飞去。

最终，停留在树梢的小鸟成了麻雀，驻足于云端的小鸟成了大雁，而那只甘于孤独忍受寂寞的小鸟却成了雄鹰。

我们应该去选择做一只展翅翱翔的雄鹰，在蔚蓝的天空翱翔，并划出自己美丽的弧线，这才更能显现出生命的弥足珍贵。

在现实中，有不少人认为工作和生活本来就是一对矛盾体，其实不然，两者的关系也是相辅相成的，打个简单的比方，就像人为地去画一道弧线，如何使弧线看起来更完美，就需要我们深刻感受平行的道理！如果我们能够把握好这个平行，那么，弧线就是匀称的；如果我们不能很好地把握这个平行，那么，弧线就有可能是扭曲变形的。

美丽的弧线被划出的一瞬间，就像圆月弯刀，看起来十分绚丽夺目，快如闪电，因此寻不到任何痕迹，这是由于弧线在形成过程中将一切变化都孕育和包涵在内了，从原点出发，终点好像又回归到了原点。

从前，有一只嘴馋的狐狸来到一个葡萄园内，一串串饱满的葡萄让它再也抑制不住内心的喜悦，于是，它便奋不顾身地往上跳，很想摘一串新鲜的葡萄吃。

可是，因为葡萄架太高了，所以，狐狸第一次试跳失败了。于是，狐狸心想："这串葡萄味道肯定不好，看看它那个丑样，一定是去年的陈瓢。"

想着想着，狐狸便又看中了另外一串葡萄，它奋力去摘，遗憾的是，此次它又未扑着。狐狸又心想："这串葡萄也不好，肯定使用过化肥，一定不属于纯天然的绿色食品，要不然就是注水葡萄。幸亏我没有吃到它，如若不然，吃得我拉了肚子就不划算了。"

就这样，狐狸的第二次试跳又没能成功，此时，不知从哪儿传来了稀稀拉拉的掌声——原来，有几只乌鸦落在树上，正在看这里的热闹呢。狐狸向它们拱拱手，向乌鸦们打了个招呼。

经过两次试跳以后，狐狸感到有些累了，它心想："如果现在有一位教练递给我一瓶矿泉水，将动作要领告诉我，再为我布置一下战术，那该有多好啊！是啊，这一生能有几回搏？我不妨再最后试跳一下，我还是有些不甘心。"于是，这只狐狸转动着狡猾的眼珠，在四处寻找着什么，忽然，它的眼前一亮，它看到一根长竹竿，随即拿到手里，然后抓住竹竿，后退了几步，并示意给乌鸦们，让它们为自己加油。

狐狸得到了乌鸦们的鼓励后，自信满满，只见它提竿快步向葡萄架奔去，步伐越来越快，竹竿头也十分准确地插入了地面，就这样，这根竹竿将狐狸撑了起来，有了一定的高度，然后是抛竿和自由下坠的动作，这一次，狐狸终于跃过了葡萄架，并且，十分安全地落到了对面的草地上。

只听乌鸦们惊呼着："狐狸，你太棒了，你的姿势真优美，动作非常漂亮。"很快，其中一只乌鸦优雅地飞下来，将一束野花献给了狐狸。狐狸手捧着野花，怀着十分激动的心情，为自己的成功而欣喜若狂。

然而，在狐狸短时间的高兴之后，它突然像是想到了什么："我今天实际上是来吃葡萄的，可是我连葡萄皮都没吃着，跳得再高再美又能怎么样呢？"

也许，在现实生活中，我们每个人对于是不是成功这个问题，给出的答案都是不一样的。有些人认为，拥有足够的钱财，享受着高质量的生活，就意味着自己成功了；有些人认为，自己拥有名利，有自己的事业，就意味着自己成功了；有些人认为，自己能够和朋友们每周去打一两场高尔夫，就意味着自己成功了；有些人认为，自己能够带着爱人环游天下，就意味着自己成功了；有些人甚至认为，自己能拥有一个美满幸福的家庭，就意味着自己成功了。

可以说，我们每个人都有自己的期望值，但是，别忘了最重要的一条，一定要展翅翱翔，就像雄鹰一般在天空划出美丽的弧线来。同时，我们还要学会如何享受工作，享受当下的生活。对于那些非凡的成功管理者而言，不仅要创造出一个良好的工作氛围，还要让大家身心健康快乐；对于那些全职太太而言，不仅要将家务打理得井井有条，还要发挥才智做好家庭理财等；对于那些将要踏入社会门槛的大学生而言，不仅要答好自己毕业时的那份答卷，而且还要对自己即将踏入社会做好满意的职业规划。

为了美好的明天，就让我们付诸行动吧，犹如雄鹰一样，在广阔无比的蓝天中展翅翱翔，划出最美丽的人生弧线，为自己的人生增添一道亮丽的风景线。

　　在现实生活中，我们每个人不光要做一只划出优美弧线、展翅翱翔的雄鹰，还不要忘了自己的真正目标是什么，而非贪恋周围的风景与热烈的掌声。总而言之，我们时刻都不要忘记：我们的目标是什么？我们所要的结果是怎样的？在这个过程中，有鼓励、有掌声，当然会有值得我们喜悦的成绩，但是，在划出优美弧线的同时，也一定时刻谨记自己的目标。

正面思维，就不会误入歧途

当有一大一小两个橘子要分配给你和同伴时，你最后得到的是那个小的，这时如果你认为尽管它小，但它比大的甜，这说明你有一个理智的心态。

有一天，卡耐基到芝加哥大学拜访哈欣校长，当时他正在着手写一本书，准备向校长请教如何处理忧虑这个问题。校长答道："我一直坚守这样一条原则，席尔斯百货公司总经理罗森华告诉我的，他说：'如果眼下只有一个酸柠檬，就想办法做杯可口的柠檬汁吧！'"

可是，很多人却不这么想。例如人们发现命运抛给他一个酸柠檬，他会立即抛掉，并说："完了！我真命苦！上天对我如此不公。"于是他看整个世界都好像在跟他作对，然后自暴自弃。如果得到酸柠檬的人是理智和聪明的，他会说："这次失败教会了我哪些道理？目前的处境该如何改变？怎样才能把这个酸柠檬做成柠檬汁呢？"

"人具有反败为胜的力量。"伟大的心理学家阿尔弗莱德一生都致力于研究人类及其潜能，他曾发现了人类特性中这种最神奇的功能。

20 世纪的佛斯狄克曾说过："真正的快乐未必是愉悦的，它多半是某种胜利的感觉。"没错，快乐源于某种成就感，某种胜利的愉悦，类似将酸柠檬榨成柠檬汁的过程。

一位住在佛罗里达州的快乐农民，他将一颗"剧毒的柠檬"做成了极其可口的"柠檬汁"。当他刚买下那个农场时，心情十分沮丧，情绪十分低落。这贫瘠的土地既不适合种果树，也不适合种粮食。只有一些矮灌木与响尾蛇在这个破农场生活。后来他仔细研究和观察，决定扭转败局，将恶果变成利润，他要利用这里的响尾蛇。于是他不顾大家的阻挠与嘲笑，开始生产响尾蛇肉罐头。几年后，平均每年有两万名游客到他的响尾蛇农庄参观。他的生意和名声早被外界熟知：他将毒液抽出后送往实验室提取血清，高价出售蛇皮生产女式皮鞋与皮包，罐装蛇肉销往世界各地。

当地人以这位把"毒柠檬"做成"甜柠檬汁"的农民为荣，就连一些当地的风景卡片，邮戳印的都是"佛罗里达州响尾蛇村"。

心理学家卡尔博士说："世界上有两种人，一种人认为自己是自己得到的报酬和受到的惩罚的依据；另一种人认为报酬和惩罚是诸如运气、天气和他人等外部因素造成的。通常，前一种人较后一种人更乐观，心理能量也更强，更有可能去积极采取行动来改善恶劣的现状。所以，当问题和困境来临时，你要相信自己能掌握自己的命运，你能克服这些问题和困境并达成目标，你的心理能量就会得到更好的重聚。"

卡尔博士因此把人划分为内控型人格和外控型人格。如果你认为你生活中某件事情的发生与否更多的是在别人的控制之下，而不是受你自己的控制，那么你就是属于外控型人格。而内控型人格则认为，对这些事情的控制力主要来自于自身。

当然，如果你自以为你的生活更多地受到别人的影响和控制，那么，面对他们的影响和控制，你将会变得更加软弱。

当灾难降临时，外控型人格的人很容易将灾难扩大化并产生无助感。无助感会产生一种类似让人麻醉的无望感，这就是绝望循环。杰出的未来学家、《典范》的作者朱尔·巴克和宾夕法尼亚大学马汀·西里格曼博士有一项著名的研究，将无助和无望的关系描绘成一个反馈圈，无助产生希望的丧失，无望又会增强无助，它们互相加强，互相促进，是成就自我的灾难。

要改变这种状况很简单：从现在开始，学习内控型人格这样的人看待这个世界的方法。相信自己，事在人为——只有自己才是自己命运的主宰！

已故的作家威廉·波利多曾写道："人生中最重要的事并不是恣意挥霍，这任何人都可以做到。真正重要的是如何扭转亏空的局面，从中获利，这需要智慧，而且显示出人的智力优劣。"

卡耐基曾见过一位丧失双腿的人，从他身上学到了如何从失败中获益，他叫本·佛森。在乔治亚州一家旅馆的电梯中，卡耐基偶然遇到他。步入电梯时，卡耐基注意到心情愉悦的他坐在电梯角落里的轮椅上。当电梯停在他要去的楼层时，他友善地请卡耐基让开，以便他顺利移动轮椅出去。"对不起！"他说，"劳驾你行个方便！"脸上现出和蔼的笑容。

走出电梯回房时，这位开心的残障者，实在让卡耐基难以忘怀。于是便找到他，请他讲讲他的故事：

"事情发生在1929年，"他微笑着说，"有一次，我到山上去砍木头，然后，把木材堆上车，开车回家。忽然一根木棍滑下来，就在我急转弯时，木条卡在车轴内，我立即被摔到一棵树上，伤到了脊椎骨，双腿就此瘫痪。当时我才24岁，从那以后，我再也没站起来过。"

24岁正是风华正茂的年纪，就要在轮椅上度过一辈子！他能否勇敢地面对这个残酷的事实呢？他说："我不能！"他当时自暴自弃，总认为命运为何这样捉弄他。但随着年岁增长，他感觉总是自怨自艾对自己毫无帮助，自己反倒变得尖酸刻薄不通人情。从此他逐渐认识到，"别人和善礼貌地待我，我也应该和善礼貌地回应对方"。

卡耐基又问他，这么多年过后，那次事件对他来说还是困惑吗？他说："不！我现在应该感谢这件事的发生。"经过埋怨与痛苦的阶段，他终于找到一个不同的生活世界，他开始读书并对文学产生了兴趣。14年来，他至少读了1400本书，这些书开拓了他的眼界，丰富了他的人生，这比他以前所有能想象的生活更精彩。他也学会了欣赏美妙的音乐，以前听到音乐他就瞌睡，现在交响乐令他感动。然而最重大的转变，还是他开始认真思考。"有生以来第一次，"他说，"真正用心观察世界，审视人生价值。我终于悟到从前那些无聊琐事，毫无真正的价值可言。"

通过博览群书，他逐渐对政治产生了兴趣，他开始研究公众问题，坐在轮椅上演讲！他开始认识大家，而人们也开始了解他。他坐在轮椅上，就任乔治亚州州秘书长一职。

卡耐基在纽约市教成人辅导班时，他发现多数人都有一个共同的特点，就是没有机会接受正规的大学教育。他们总认为没读过大学是一种缺陷。其实许多成功的人都没读过大学，他就认识很多，因此他知道这一点并不是绝对的。他常教导班里的一个成年人，这个人自认为是一个失学者，他的童年非常不幸。父亲去世后，在他父亲的朋友的帮助下，父亲的后事才处理妥当。而他母亲必须在一家伞厂工作，每天工作10个小时，还要带些零活回家做，一直干到晚上11点钟。

成长在如此环境中的这个男人，有一次参加教会的戏剧演出，觉得表演非常有趣，他的公开演讲能力由此得到锻炼。后来也因为演讲能力出色，他涉足政界。30岁时，就已当选纽约州议员。不过面对如此重任，他还没有完全准备好。因为他亲口对卡耐基说，他还没搞清楚州议员的职责是什么。后来，他开始深入研究各种纷繁复杂的法案，一开始，对他来说这些法案就跟天书一样。当选为森林委员会的委员时，他非常担心做不好，因为他从来不了解林木。当选为银行委员会的委员时，他十分茫然，因为他连银行账户也没开过。他告诉卡耐基，要不是害怕向母亲承认自己的挫败感，他可能早就不干了，正当他陷入绝望时，他给自己定下一个目标每天研读16小时，把自己无知的"酸柠檬"化为含有知识的"甜柠檬汁"。由于不断地努力，他从一位地方政治人物不断爬升成为全国性的政治人物，他的表现相当出色，连《纽约时报》都尊称他为"纽约市最可敬的市民"。

这正是艾尔·史密斯的传奇故事。

在艾尔自学成才后的10年，他成了纽约州政府的活字典，并连任四届纽约州长——这打破了纽约的州长最长任职纪录。1928年，他成为民主党总统候选人。美国的6所著名大学，包括哥伦比亚大学及哈佛大学在内，都曾颁授荣誉学位给这位当初年少失学的人。

艾尔曾亲口对卡耐基说，如果他不是每天刻苦攻读16小时把他的缺失的知识弥补过来，他就不可能取得如此成就。

　　正面思维是指一个人无论面对任何事情，都能以积极、主动、乐观的态度去思考和行动，并促使事物朝着有利的方向转化。它的本质是发挥人的主观能动性，挖掘潜力，体现人的创造性和价值。一个具有正面思维的人，在逆境中会更加坚强，在顺境中会脱颖而出，变不利为有利，从优秀到卓越。

在竞争中取得进步

> 竞争是好事，因为竞争就是一个推动器，可以推动我们奋力前行，让我们每天都有新的进步。

如今，我们越来越感觉到社会竞争之厉害。其实，有竞争是件好事，我们无需消极地逃避竞争，也无需排斥我们的竞争对手，而是要勇敢地冲进这个行列里，只有这样，才能在原有的基础上取得进步。

无论谁都会在自己从事的行业里遇到竞争对手，对此，我们要具有比他更足的劲头儿才行，而不是一味地去怨恨、抱怨、畏惧等。要知道，如果这个世界上没有了竞争，谈何发展。所以说，有时候，我们应感谢对手，是他们让我们前进了一步又一步。

大家都知道，林肯是在美国最受国民拥戴的总统之一。其实，他获得成功的原因在于，除了林肯自身卓越的领导能力，还和他重视、欣赏萨蒙·蔡斯这样的竞争对手息息相关。

1860 年，在林肯当选为美国总统之后，他立即任命参议员萨蒙·蔡斯为财政部长。当参议员们得知他这个决定的时候，一片哗然，许多人都对此反对。林肯明知其中的缘由却故意问："萨蒙·蔡斯是一个非常优秀的人，你们为何要反对呢？"

参议员们说："萨蒙·蔡斯是一个狂妄自大的家伙，他对权力追求狂热，一心想入主白宫。并且，他总以为自己比你还要伟大得多呢。"

林肯笑着回答道："哦，那你们还知道有谁认为自己比我要伟大呢？"

参议员们对林肯为何要这样问摸不着头脑。

于是，林肯进一步解释说："假如你们知道，有谁认为自己比我伟大，你们一定要在第一时间告诉我，因为我想把他们全都纳入我的内阁。"

最终，林肯仍然坚持自己的决定，还是任命萨蒙·蔡斯为财政部长。后来事实也证明，蔡斯是一个有大智慧的人，在财政预算与宏观调控方面很有自己的策略。另一方面，对权力的崇拜使他对林肯一直都不满意，还时不时地想将林肯挤下台。

此时，参议员们纷纷劝说林肯最好免去蔡斯的职务，然而，林肯却淡然一笑，反而表示自己对蔡斯满怀感激之情，自己决不会罢免他。参议员们更加不解，于是，林肯就讲了这样一个故事：

"一次，我和我兄弟在肯塔基老家种植玉米，我负责吆马，他负责扶犁。本来，这匹马非常懒惰，但有一段时间，它却在地里跑得飞快，连我都无法跟得上。于是，到了农场，我仔细观察后发现有一只很大的马蝇叮在它身上，我随手就打落了这只马蝇。我兄弟问我为什么要打落它，我说我不想看到这匹马被咬得那么难受。但是，我兄弟却回答我说：'哎呀，正是这家伙的刺激才使马跑得快呀。'"

说到这里，林肯意味深长地说："如今，有一只总统欲强盛的'马蝇'正叮着我，这样反而使我每时每刻提醒自己不能松懈，并且还要不断奋进，将自己的工作做好。如若不然，我终将会被别人所替代！"

仔细琢磨确实如此，如果一个人失去了竞争对手，自己就会很容易失去对工作的热情，只能过上平庸的生活，最终只会碌碌无为；如果一个群体失去了竞争，那么其活力很快就会丧失掉，就会变得越来越懒；如果一个行业失去了竞争对手，那么就会很快满足当下的状况，最后只会向衰亡走近。

像林肯这样的伟大人物，他将竞争对手作为督促自己做好工作的动力，并且，毫无畏惧地参与到竞争中来，就是因为这些，他才能对任何工作都不会马虎，最终折服了所有的人。

总而言之，有竞争是好事，因为竞争就是一个推动器，可以推动我们奋力前行，让我们每天都有新的进步。所以说，我们在竞争对手面前，一定要相信自己，敢于超越自己、战胜自己，唯有如此，我们的生命才会更加精彩，我们才能得到更多的成长。

　　在很多时候，我们每个人都不应该消极地排斥我们的竞争对手，而是要以积极的态度面对对手，并让自己总是处于这样的状态里。这样一来，竞争对手就会时刻促使我们不退缩、不松懈，勇往直前。我们的能量也会变得无穷大、无穷多，从而释放自己的激情，实现自己的人生价值。

培养达观的生活态度

如果我们能以一种正确的方式对待痛苦，那么，痛苦就不是让我们感到痛苦的事，它可以成为我们的一种生活方式。

生活，如果只有万里无云而没有阴雨绵绵，如果只有幸福而没有悲哀，如果只有欢乐而没有痛苦，那么，这样的生活毫无意义。因为只有人走进坟墓才不会再有喜怒哀乐。所有的幸福就像是一团藕断丝连的纱线，由悲伤和喜悦构成，而喜悦正是因为有了悲伤才最可爱。生活的舞台上，不幸和幸运，前后相随，相得益彰，使我们依次体味悲伤和快乐。即使是死亡本身也会使生活更为可爱，它让我们更加懂得现实的世界美好。

"一颗麦粒落到地面上死了，它还是原来的样子，仍然是一颗麦粒；一颗麦粒如果种进土壤中死掉了，它将会结出丰硕的果实来。"死，也是通向更充实人生的道路，因此，死亡并不可怕。

毫无疑问，我们欣赏那些以胜利者的姿态、以喜悦的心态，面对人生、面对一切的人们，他们在日常生活的斗争中无所畏惧，他们凡事都有希望，凡事都有自信；他们胜不骄，败不馁；在工作中任劳任怨，不遗余力；他们在苦难中不是怨天尤人，而是以微笑面对生活，怀着一份感激的心生活，只有征服了这些的英雄才真正配称伟大。

人有悲欢离合，月有阴晴圆缺。艳阳高照，或者皓月当空，都会让人欢欣鼓舞，心旷神怡。那么，就不会让人痛苦不堪，难以忍受吗？

生活的不如意谁都会碰到。我们一味地在内心里流泪，温馨的家会变得凄凉，和睦的家庭有时会被拆散；彼此之间的误解会让亲密的朋友分道扬镳；恶意的诽谤会让人心痛；柔软的枕头会变得僵硬；生存竞争紧张而持久。更甚者听到的不再是乐园中鸟儿的歌唱，而是模仿鸟的令人毛骨悚然的不祥的声音。太阳藏起了那张笑脸，天空变得黑暗可怕。雷声隆隆，闪电霹雳，大雨倾盆。为什么会发生这些可怕的事情呢？

曾经有人说过，解释一张笑脸很容易，但是，说明眼角的泪滴很难；解释成功容易，但是，说明失败难；解释幸运容易，但是，说明灾难难。

确实，苦难会引起我们心中一系列的问题。如，我为什么会惨遭迫害？世界上为什么会存在痛苦？其实，我们不该提出这样一些问题，因为正是我们给自己出这样的一些难题，增加了我们克服痛苦的难度。真正能够解决苦难的，不是饱满的理论，而是实实在在的实践。因为实践是检验真理的唯一标准。

基督和门徒们一起来到了一个恳求治病的盲人面前。一个门徒问："这是谁的罪呢？是他自己的罪还是他父母的罪，使得他生来就是一个盲人？"基督回答说："两者都不是，而是上帝的工作能够在他身上明显地表现出来。"他们在这个地方碰到盲人并治好他的病，这就是问题的实践。

现实生活也如此，如果我们能以一种正确的方式对待痛苦，那么，痛苦就不是让我们感到痛苦的事，它可以成为我们的一种生活方式。生活正是通过痛苦来改变和锻造我们的，痛苦只不过是为我们更好的生活服务，用来提升我们的品格的手段。只有经受了生活的苦难，我们才能获得隐藏其中的善，才会去思考人生，解释苦难。

常言道："莫说江头风浪险，更有人间行路难。"现实生活总会有欢乐，也有悲伤；有健康，也有病痛；有幸运，也有灾难；有成功，也有失败。在生活的海洋里，有狂风暴雨，有湍急的水流，也有危险的暗礁，一帆风顺只能是我们的良好愿望。我们不要成为伴着第一声啼哭来到人世，带着一声叹息离开尘世的失败者。

敢想敢做，炫出精彩

　　我们每个人只要心不老，敢想敢做，无论遇到什么样的境况和困难，都会有改变的可能性。

　　凡是成功人士，都有一段不断尝试的经历。事实上，尝试就意味着探索，探索就意味着能创新，创新就意味着有走向成功的可能，也就是说，如果无探索，就谈不上创新，如果无创新，也就不会有任何成就。一个人如果不敢想，也不敢做，那么他的人生还有什么意义呢？

　　在现实中，只有敢想敢做的人，才能勇敢地面对严酷的现实，经受得住挫折和磨难的考验。反之，那些不敢想不敢做的人，是不可能有面对现实的勇气的，更不会付诸实际行动。在人的一生当中，如果没有挫折，就意味着自己将会缺失一笔重要的财富。

　　实际上，一个人光敢想还远远不行，还要有目标，然后朝着这个目标前进，要有永不停息地坚持下去的韧性和毅力。敢做也并不是盲目勇敢，这儿一榔头，那儿一棒槌的，肯定不行，必须朝着自己制定的目标行动，才能赢得最后的成功。

　　有这样一则寓言小故事：

　　从前有一群小老鼠整天都过着提心吊胆、偷偷摸摸的日子，并且，还不断地遭受人们的追打。

　　其中，有这样一只小灰鼠，过腻了这种不劳而获、贪图享乐的生活，于是，它决定尝试着过一天人的日子。听它说完，许多老鼠都哈哈大笑，笑它这是痴人说梦，想法太荒唐，于是，其他老鼠们都开始远离它。

　　这样一来，这只小灰鼠越来越孤单、寂寞，然而，它始终未动摇过自己想过一天人的生活的理想，它决心试试看。就这样，它开始悄悄地模仿人是如何钻木取火、烤制食物这些生活技能。

在经过了长时间的学习和尝试以后，这只小灰鼠终于学会了人类的许多应用技能，甚至，它还开始练习像人那样直立行走的动作了。

但是，唯一令它感到遗憾的是，它浑身都是毛，并且无法向人类学习怎么说话，但是，对此，它一点儿都没有气馁，而是更加刻苦地学习。

小灰鼠的一言一行感动了上帝，于是，有一天晚上，上帝托梦给它，只要它经受得住烈火的炙烤，就能拥有重新投胎做人的机会。小灰鼠对此没有任何异议，并且非常果断。在上帝的帮助下，它不仅经受住了烈火的考验，在形体上也变化了很多，而且它还会说话了。

后来，这只小灰鼠终于变成了人。而他原来的伙伴们仍过着暗无天日的日子时，小灰鼠却已经在人间过上了快活的生活，自力更生，自给自足，走在大街上也总是昂首挺胸，自信满满的。

其实，这则简单的寓言故事告诉我们这样一个道理：我们每个人只要心不老，敢想敢做，无论遇到什么样的境况和困难，都会有改变的可能性。所以说，我们千万不可轻易取笑看起来荒唐的想法，要知道，有时候，看似荒唐的事也会有新的发现、新的奇迹。只有敢想敢做，才有可能活出自己的精彩。

事实上，有不少有创业想法的人也是一样，总会在夜幕降临之后想出很多条可行的路，但一早醒来却又回到原点。尽管他们能够想出很多的创意点子，但是为何最后还是不能获得成功？究其原因是其从来没有去执行过，还给自己找来很多借口。而那些成功人士却因为敢想敢做，敢于炫出自己荒唐的想法，才最终取得了成功。

现实生活中，我们也容易犯这样的毛病，有想法，但是不去付诸施行。其实，我们应该学习那些成功人士大胆想象的精神，并且能让自己的理想成为现实，以积极的心态将想法转变成行动，并且凭借敢想敢做的韧劲，最终成为焦点人物。

在 20 世纪 80 年代，英国牛津大学物理系博士迈克在学校任教的时候，总会有很多公司找到他，请他推荐一些物理方面的专业人才。就在这个过程中，迈克逐渐意识到，我为何不建立一个专门推荐人才的公司呢？

于是，迈克对此想法特意进行了市场调查，结果表明，市场上出租行业十分兴旺，几乎什么都包括了。他心想："出租人才的业务还没有被发现，我如果创办这样一家出租人才公司，那些需要我推荐专业人才的公司，一切问题就轻松解决了，并且我还可以从中受益，何乐而不为？"

就这样，迈克立马着手创办一家人才出租公司，他先是租下了一间办公室，同时雇了几名员工。为了宣传，迈克找人在报刊登出广告："各个行业人才支援公司征求和出租各类专业人才，服务时间长短均可，诚信服务，欢迎惠顾。"

广告刊登之后，很快便有不少的人才、专家来迈克的公司了解情况，有工作的人想在业余时间做些兼职工作，失业者想通过迈克的公司重新找到适合自己的工作。迈克吩咐员工详细地记录前来咨询者的情况，并将聘请通知及时地告诉他们。

后来，一些需要专业人才的公司也纷纷前来与迈克公司谈合作，于是，迈克根据因人而异的原则对前来咨询的人进行有效搭配，从而使双方都如愿以偿，就这样，公司很快开展起了这项业务。

现在，迈克的公司储备了 6 万名各类人才，各个专业都有，他的公司已经成为了世界有名的人才猎头企业，专业人员均通过此种方法找到了适合自己的工作岗位，使各自的才华得以施展。当然，迈克的成功得益于他敢想敢做，这成就了他的成功。

文章中迈克的故事告诉我们：敢想敢做就是开拓自己美好人生的一剂良药，只有敢想敢做，才能活得精彩。总而言之，自己要想将人生彻底地转变，不能依靠别人，而应靠自己敢想敢做，并且还要学会如何将自己所想转变为实际行动，我们只有做到了这些，才能获得改变人生的更多机遇，才能活出我们的精彩。

端正心态，享受生活的宁静

生活有它自身的发展规律，因为人们因内心的浮躁而去强行改变它或对它寄予它过高的期待，最后带给你的只有失落。

现实中，多数的年轻人认为青春应该是充满激情的，为此，很多年轻人在处世的过程中总是苛求自己以最快的速度完成任务或者达到心中的梦想，但结果往往事与愿违，只有拥有任凭风浪起，稳坐钓鱼台的境界，才能让自己达到既定的目标。

有一位年轻人到河边去钓鱼，他的旁边坐着一位垂钓的老人。二人并排挨着，距离很近。然而，令人奇怪的是，老人家不停地有鱼上钩，而年轻人一直没有鱼儿上钩。最终，他终于沉不住气说："我们两个人用的鱼饵相同，鱼竿也差不多，为何你却能钓到，而我却一无所获？"

老人瞧了他一眼从容地说："我钓鱼的时候心平气和，忘记了有鱼，所以手不动，眼也不眨，鱼不知道我的存在；而你心里只想着鱼吃你的饵没有，连眼也不眨地盯着水面，见鱼刚上钩就急忙拿起鱼竿，心情烦乱不安，鱼不让你吓跑才怪。"

这是在告诫年轻人，钓鱼如同做事，愿者上钩，应水到渠成，你急也好、恼也好，都于事无补。要知道，生活中的很多事情就如钓鱼一样，不可太过急躁，否则，不仅钓不到大鱼，而且还会令你的心情烦躁。

日常工作中，很多人可能都有这样的心境：只要有等着自己去做或者处理的事情，就会不假思索立马着手，既不认真准备，又不做周密的计划。遇到烦琐的事情恨不得"快刀斩乱麻"，做什么事情都想一下子把问题解决掉，但是这样往往解决不了问题，所以极容易产生挫败感，消极沉沦。在这个时候，他也往往听不进去他人的意见与建议，甚至烦躁的心情还会让他对那些提意见的人大发雷霆……感觉自己的神经就像一根弹簧一样，仿佛永远无法平静下来。

其实，你是完全可以祛除浮躁，平静下来的。你只需要舒缓你自己的情绪，只要心中默念：好，好，慢一点，静下来，不必急。并努力让自己冷静下来，放松神经，不刻意去思考扰乱你思绪的问题，闭上眼睛，让整个人都处在一种似有似无，天马行空的感觉之中，或者集中精力听一种声音，比如闹钟的滴嗒声。等你的精神彻底地松弛下来以后，然后再轻松地去想事情发生的各种场景，将自己置于其中，这样才能找出最好的处理方法。

我们所面对的万事万物都有其两面性，关键就在于我们用什么样的眼光去看待。正确的对待方式是：对自己不利的时候不要抱怨不公，更不要去迁怒于人，反而要正视现实，尊重真理。

让我们来看下面这个故事：

有一天，托尼因为琐碎的小事和邻居争吵了起来，争得面红耳赤，不可开交，谁也不肯让谁。最后，托尼的邻居气冲冲地去找牧师，牧师是当地最有智慧、最公道的人。

"牧师，您来帮我评评理吧！我那邻居简直是一堆狗屎！他竟然……"托尼的邻居怒气冲冲地说道，一见到牧师就开始了他的抱怨和指责，他正要大肆指责邻居的不是，被牧师打断了。

牧师说："对不起，正巧我现在有事，麻烦你先回去，明天再说吧。"其实，这个只是牧师的托词。

第二天一早，托尼的邻居又愤愤不平地来了，不过，显然没有昨天那么生气了。

"今天，您一定要帮我评出个是非对错，那个人简直是……"他又开始数落起托尼的劣行。

牧师不紧不慢地说："你的怒气还是没有消除，等你心平气和后再说吧！正好我的事情还没有办好。"托尼的邻居又被牧师劝说回去了。

一连好几天，邻居都没有再来找牧师了。有一天牧师在路上遇到了他，他正在农田里忙碌着，他的心情显然平静了很多。

牧师微笑着说："现在，你还需要我来评理么？"

那个人羞愧地低下了头，说："我现在已经心平气和了！现在想想也不是什么大不了的事，不值得生气的。"

牧师坦然地说："这就对了，我不急于和你说这件事，就是想给你时间好好思考下自己，记住，不要在气头上轻易说话或者行动。"

在现实生活中，我们有很多时候会因为某些小事而生别人的气，并与别人争论不休。其实，仔细想想，这些事根本是不值一提的。当你因某人某事而生气的时候，不妨告诉自己：冷静下来，静静地沉思，等一等再说。等到你真正地心平气和时，你会发现当初的动怒是多么的愚蠢。

生活中不如意不顺心的事情有很多，单纯地抱怨发怒并不能够解决实际的问题，面对不如意不顺心，与其抱怨发怒，不如学着去释然。

在现实的工作与生活中，随时，我们都有可能成为可怜的"受气包"和无奈的"变形金刚"，忍无可忍也需容忍，改变自身以求容身。正如法国思想家卢梭所说的那样"忍耐是痛苦的，可它的果实是甜蜜的"。

同样，杯子里只有半杯水了，一个人看见会说："哎，只有半杯水了。"而另外一个人则说："啊，还有半杯水呢！"不同的角度看到的道理也会不一样。

其实，万事万物都有两面性，关键就在于我们如何去看待。对待生活中的那些不顺心的事情，我们千万不要去抱怨命运的不公，更不要去怪罪别的人与物。实际上，所谓宿命论只不过是懦夫的借口，我们每一个人的命运都是掌握在自己的手中的。

的确，一个人面对不顺心的事情所持的心态往往能够决定事情的发展结果。积极的心态有助于一个人克服困难，使他看到人生的希望，保持进取的旺盛斗志。消极的心态使一个人沮丧、失望，使他对生活充满了失望甚至是绝望，自我封闭，限制和扼杀自己的潜能。

人生有太多坎坷，想想在生活的五味瓶里，除了甜，没有什么再是人们向往的了，可酸咸苦辣又是生活中不可或缺的，是它们衬托了甜的宝贵和珍贵。人生需要苦难的洗礼，正是因为那些折磨，我们才能在挫折中找到自己的不足，才能逐渐地完善自己。

一时的困难，不会成为你一生的障碍。因此，即使面临困境，你也不要怨天尤人，不可以逃避，而是要坚韧不拔，坚持不懈，相信风雨过后总会有彩虹。生命中，苦难与幸福相辅相成。只要我们在困难中也能坚守自己，再苦也能笑一笑，再委屈的事情，也能用海纳百川的胸怀容纳，那么，人生就没有过不去的坎儿。

当我们通过自己的拼搏与努力走出了生活的阴霾，用乐观的心重新审视这个世界的时候，我们就会发现，原来生活是如此美好，而我们却一直在抱怨中失去了对生活的美好憧憬。我们应该试着去做一个淡然的人，学会与人分享，学会在残缺中品味快乐，在逆境中感受幸福。

任何人都向往一个公平公正的世界，但我们每个人的出生、背景、能力、性格各有不同，在生活中，你还是会遇到各种各样不顺心的事情，抱怨与发怒不可能让你获得别人的认可与尊重。面对挫折、不公，与其抱怨与动怒，不如感恩，感谢这些困境，让你明白必须要发奋图强，相信付出总会有回报的。

　　无论对于谁来说，耐心和静心都是可以慢慢地培养的，不要对自己要求过高，也不能过分地苛求他人，理性而积极地认清楚自己，这样才能让自己作出正确的选择与判断。做任何事情的时候，尽量事先做出周详的计划，同时，计划之余，要懂得变通，以应对计划中的不可预估性。俗话说："计划赶不上变化"，一个想法周到而有耐心的人，是极为善于在坚持自己的原则之下灵活地变通，这样才能够让自己处事不惊，有条不紊地达成自己的目标。

掌控局面，让危机变契机

面对危机，我们首先要有自信，将主动权握在手里，用心去捕捉危机中的点滴希望，只有这样，我们才能化险为夷。

在日常生活中，我们身边总会突发一些事情，在面临危机的时刻，我们需要将整个局面掌控住，争取让负面变为正面，也就是将此时的危机变为我们需要的契机。总之，要对自己有自信才行，将主动权握在手里，用心去捕捉危机中的点滴希望，只有这样，我们才能化险为夷。

即使是事情有了某些不好的负面影响，我们也有可能寻找到转化为正面影响的契机，只要自己能够稳稳地掌控大局，做到沉着冷静，就可掌控危机的恶性发展。正如老子所讲的"祸兮福之所倚，福兮祸之所伏"。最关键的在于，当危机出现的时候，我们如何挖掘其根源，一旦有了解决方法，就要积极地付诸行动，只有这样，才能让危机变契机。

在明朝永乐年间，明成祖借着迁都之际，计划将皇宫的规模扩大，于是，集中了全国各地著名的工匠大兴土木。在那个时候，被大家誉为"蒯鲁班"的著名工匠蒯祥被任命为主持这一工程的主要负责人。

工部侍郎一直都很忌恨蒯祥，于是，就在一个雷雨交加的深夜，悄悄溜进了工地，将已接近完工的宫殿大门槛的一头锯下来一段。次日清晨，蒯祥来到工地的时候，发现了这件事，十分震惊："工期将至，且已经没有可以重建的同样材料。这该如何是好呢？"

要知道在那个年代，如果出了这样的事情，肯定是要掉脑袋的，就这样，蒯祥的处境一下子变得危险了，旁边的人都各自想着解决办法。此时的蒯祥深知急躁根本解决不了问题，还不如沉下心来，想想其他的补救办法。

经过深思以后，蒯祥忽然想出了一个别样的办法，于是，他将门槛的另一头也锯短一段，这样两端就有了相同的长度；同时，又在门槛的两端各做一个槽，这样一来，门槛既可装也可拆。他还准备在门槛的两端各雕刻一朵牡丹花，这样不仅可遮掩两端的槽，而且还能使门槛色彩鲜艳。

工程完工的那天，明成祖带领文武百官来观赏如此浩瀚的工程。当他看到宫殿的门槛是活动的，觉得这个想法很好，这比固定的门槛还更加方便；并且，那朵牡丹花也是格外耀眼，于是，明成祖大大赞赏了蒯祥。

从这件事可以看出，蒯祥当时已置于将失去生命的危机之中，但是，靠着他的聪明和才智，最终化危机为契机。这一巧变，不光将自己的脑袋保住了，还为我国的建筑史留下了一段著名佳话。

通常，那些伟大的成功人士都具有一种气魄，那就是，面对不利的局面处事不惊，临危不乱，利用所有可以利用的条件，掌控住大局，让不好的变为好的，让危机变为契机。

在杭州的"山水人家"小区里，有很多私家小汽车停在那里，但是，让大家意想不到的是，有一天，多辆汽车在同一时间被利器划伤。

很快，车主们报了警。后来，相关调查人员将小区的监控录像调了出来，在录像里，大家看到了竟然是一大一小两个孩子所为，大的好像是个小学生，小的不过才上幼儿园，只见录像上显示，他们边走边划。

后来，警方也介入了调查，与此同时，网络和第二天的报纸上也都对此事进行了报道。次日下午，突然有一位妇女打来电话说，是她的孩子划伤了汽车。

这位妇女也住在那个小区，在网上看到所住的小区车子被划伤的帖子以后，她认出了录像里的大孩子是自己的儿子，而小的是她朋友家的孩子。于是，她意识到了这件事情的严重性，并将主动承担这起事件的所有责任。

她先是打电话给派出所，承认是自己的孩子划伤了汽车，并表示会承担所有的责任。到了晚上儿子放学以后，她便开始询问儿子，儿子低头不语，于是，她对儿子说："你是男子汉，是你做的，就要勇于担当。"

后来，她的儿子承认了此事，她又问儿子："如果你的折叠车被人划伤了，你会难过吗？"她的儿子回答说："难过！"然后，她说："你知道吗？人家的车都是花很多的钱买来的，你说人家会不会难过？"儿子连忙说："妈妈，我错了！"

接下来，这位妇女写了一份深刻的致歉信并打印出来，向车主们表示歉意，同时，又表示自己会赔偿所有的修理费用等。另外，还将致歉信在小区门口到处张贴。后来，她又联系了一家信誉很好的汽车修理厂为车主们修补汽车划伤。

紧接着，她领着自己的儿子挨家挨户地向车主道歉，并且让儿子亲自摁响每一家的房门。每到一家，她的儿子就会说："对不起，我不知道划车的后果这么严重，请你们原谅我。"看到小孩这么懂事地道歉，车主们都原谅了这个孩子的行为。但是，这位母亲依然告诉儿子说："叔叔阿姨都很宽容，原谅了你，但你永远要记住，千万不要把别人的宽容当成自己犯错的借口，你要敢于担当，懂得感恩，懂得负责任。"

就这样，一场大的危机，这位母亲很好地进行了危机处理，并且表现了良好的解决问题的诚意，勇于承认错误，并承担所有责任。

最后，她圆满地解决了这件事情，车主们也都很满意，最关键的是，她的儿子真正地认识到了错误，不仅学会了担当，而且还明白了人生的道理。

所以说，在现实生活中，我们要勇于去改变危机，遇到事情，勇于发现隐藏在其中的契机。总而言之，我们只要掌控全局的方法、掌握事情的重心，就能够将负面的变局化为正面的形象，从而将逆境跨越过去，重新开始。与此同时，对于我们的智慧和才能，也都是一个很好的锻炼机会。

　　对于我们每一个人来说，可怕的并不是危机，而是自己对其存有的恐惧、抱怨等。所以说，在面对危机时，我们必须振作精神、冷静思考，力争找出问题的根本，随机应变，灵活运用，从而让自己实现新一层的飞跃。

再忙，别忘了爱自己

只有懂得爱自己，才能懂得爱的责任；因为只有多爱自己一点，才更有能力去爱别人；因为多爱自己一点，爱才会更有意义。

在烦琐忙碌的都市生活下，很多人似乎有一个通病，全心全意去爱别人很容易，要多关心自己却很难。尤其是女人，为了老公，为了孩子，为了赚钱等，付出了很多，牺牲了很多，却从来没有为自己考虑，结果身心俱疲，幸福感越来越少。

王小花是一个十分温柔贤惠的女人，她认为一个好妻子就该做好贤内助。为了能尽量多陪陪先生和儿子，她几乎不参加任何应酬，皮肤也不做保养了，化妆就更不用提了，甚至连个人兴趣都放弃了，除了上班就是在家围着先生和儿子转，精心打理家里的一切大小事情。去商场逛街，她满脑子想的是给先生孩子买什么，即使自己相中了某件衣服也都是犹豫片刻结果放弃，因为这件衣服的价格足够给孩子买很多……那真是整个身心都扑在这个家里了。

可是，王小花的先生并没有珍惜她，他在外面有了其他的女人，他的理由是："她整日忙碌于家务，每天一副不修边幅、邋里邋遢的样子，而且一点兴趣爱好也没有，和她在一起很无聊，生活枯燥无味……"王小花做了多年的贤内助，耗光了自己的青春年华，最终等来的只是一纸离婚协议。她猛然发现，自己突然间已经失去了很多。

综观身边那些不幸福的人，皆是他们不懂关爱自己，无私奉献的缘故。这并不难理解，一个人若连自己都不爱，倾其所有，牺牲自我，这种爱会变得越来越卑微，别人又怎会瞧得起你，把你当回事呢？

人，不仅要向他人奉献自己的爱，也应该多爱自己一点点。爱自己，不是自私自利，不是自我姑息，不是自我放纵，更不是夜郎自大的无知，而是源于对生命本身的崇尚和珍重。只有懂得爱自己，才能懂得爱的责任；因为只有多爱自己一点，才更有能力去爱别人；因为多爱自己一点，爱才会更有意义。

爱自己，首先要爱惜自己的身体，重视、珍惜、照顾好自己的身体，学会劳逸结合，不要因为工作而使自己身体过度劳累，建立规律健康的生活习惯，保持健康的心理状态，定期进行健康检查，有病及时治疗等。健康是人生的第一财富，有了健康的身心才有可能谈得上事业，家庭幸福，才能憧憬美好的未来。

爱自己，最好有自己的朋友圈和兴趣爱好。试想，如果一个人与社会没有任何交集，没有自己的爱好，每天只知道奉献家庭、吃饭睡觉、干家务活、家长里短，很容易被日常家务搞得神经麻木。所以，多结交一些朋友，多培养兴趣爱好，提升自己的精神品位，才能支撑着一个人的精神世界。

爱自己就是要自立，面对生活中的苦难和不幸，你首先要学会勇于承担，并且要有自己的思维去解决问题。不难想象，在人生中的某一时刻，你的身旁恰巧没有关心你、愿意倾听你心声的人，你是孤立无援的，如果傻傻地站在原地，等待别人的救助，那么只会让自己走进痛苦的深渊，又岂会有幸福而言？

一位老华侨在国外独自奋斗多年，如今终于决定回国与家人团聚了。在为他送行的晚宴上，有朋友问："这么多年感触最深的是什么？"老华侨回答："凡事多爱自己一点！这么多年一个人在外，生活各种不如意，更何况身在异乡，要不是凡事多爱自己一点，就走不到今天；要不是自己奉献那么多爱，家庭也不会这么美满。"

"这是不是有点自私？"朋友半开玩笑地问，因为在他看来，一个大男人应先担忧的是一家老小的安危，而他却是自己。

"不自私，"老华侨解释道，"家人在家乡，无论是遇到了病还是灾，身边有亲人，担忧是必须的。但我不同，异国他乡，要自己做好一切准备，未雨绸缪。"

老华侨顿了顿，接着说，"平时对身体好的食物我从来不吝啬，该吃就吃，每个星期日我都会做自己喜欢做的事情，将心中的不愉快排解出去。每年夏天我都给自己10天假期，去海边游泳，晒太阳，让自己彻底地全身心地放松。正因为这样，我的身体和精神状态一直很好，我可以好好地工作，多赚些钱让家人生活得更好。"

老华侨的观点没有错，因为他是一家人心中的那座山。如果他不爱惜自己，逼迫自己像陀螺一样不停地旋转、旋转，那么很可能会出现不同程度的身心之患，到时再多的金钱也是枉然。关爱自己，就是幸福一家人。

懂得去爱别人，也学习爱自己，懂得幸福是自己创造出来的。这是我们需要学习的一门与幸福息息相关的课题。如果你觉得不够幸福，那么，就多给自己一点点爱，从现在开始先学会爱自己吧！

对于你自己来说，你就是自己能拥有的全部，所以要给自己多一点点爱。你存在于这个世界，是有其存在的价值的。你看得到阳光，才会感受到整个世界都是阳光灿烂的。正如一位哲人所说的："不要再等待别人来斟满自己的杯子，也不要一味地无私奉献。如果我们能多爱自己一点，先将自己面前的杯子斟满，心满意足地快乐了，自然就能将满溢的福杯分享给周围的人，也能快乐地接受别人的给予。"

清除内心的欲念

生活中，有很大一部分人都陷在烦恼之中而不得安宁，甚至这些烦恼会导致生活不幸福，也是因为太急功近利的缘故。

在前进的道路上，我们所做的每一件事情，都会有两道围墙挡在我们的前方，一道是外在的墙，那是关于整个外部大环境的围墙；而另一道是我们内心所隐藏起来的墙，这就是心中因为太急于求成而产生的急躁和忧虑的杂念，一个人能否成功，关键要看其是否能够用坚强的意志去认识和穿破这两道围墙，抵达成功。

罗赛尔是国际著名的登山家，曾在没有携带氧气的情况之下，成功地登上海拔高达 6400 米以上的高峰，更甚者，他曾登上世界第二高峰——乔戈里峰。

其实，世界上的许多登山高手都以不带氧气的情况下登上乔戈里峰为自己的第一目标。但是，几乎所有的登山高手只登到海拔 6000 米左右处，就无法继续前进了，因为这里的空气极为稀薄，任何人都会感到窒息。所以，对登山者来说，想要靠自身的体力与意志力独立去征服乔戈里峰峰顶，确实是一项极为严峻的考验。

然而，罗赛尔却用各种办法突破了种种障碍达到了目标。他在接受记者采访时，说出了自己在前进中历经的过程。

罗赛尔认为，在突破海拔 6400 米的登山过程中，他最大的障碍就是内心各种阻碍的欲念。因为，在攀爬的过程中，你头脑中的任何一个小小的欲念，都会松懈人内心原本坚强的意念，转而变得渴望呼吸氧气，慢慢地让人失去征服的冲动与动力。继而，"缺氧"的念头就会产生，最终让人放弃征服的意志，接受失败！

罗赛尔说："想要登上峰顶，首先要学会清除内心的各种欲念，要用平常心看待成功，你内心的欲望越多，你对氧气的需求就会越多。为此，在空气极度稀薄的状态之下，必须要排除一切的欲望与杂念！坚定自己的信念。"

刻意追求的人，是很难抵达乔戈里峰之巅的。同样，刻意追求成功，把成功看得越重的人，很难获得成功。因为过大过重的欲望同样是一种包袱，背上思想包袱的人同样是成功的阻力。生活中，每个人都会存在这样的现象：台下准备得滚瓜烂熟的主持词，一上台压力过大一紧张导致台词忘得一干二净；和客户签一份重要合同，到了会场才发现忘带了合同文本；科学家即将完成一项研究了很多年的实验，却在最后一步的时候因为急于求成，结果功亏一篑。

当然，这里我们并不是说要完全地消除欲望，因为欲望是一个人不断向前的主要动力，在追求成功的道路上，我们要摒除一切杂念，坦然面对，不要让"目标"或者"成功"成为内心的一种束缚，如此这样才能轻松前行，才能更容易，获得成功。

　　一位禅师这样解释欲望："我们人类的欲望，是不可能完全被消除的。我们能够做到的，就是尽力把它修剪得美观。放任欲望，它就会像满坡生长的灌木，丑陋不堪。但是，经常修剪，就能够成为一道亮丽悦目的风景。例如名利，只要取之有道，用之有道，利己惠人，它就不应该被看作是心灵的枷锁。"

九十九次失败，换来第一百次成功

> 对于一个人来说，最可贵的成功不是战胜敌人或困难，而是战胜自我。

想晋升某个职位却屡屡不能成功；想发挥才能却郁郁不得志；经过大量努力、做了很多工作，却不能达到目标……生活中几乎每一个人都经历过诸如此类的失败，不少人会为此哭泣、抱怨、悔恨和惋惜，并且会在很长一段时间都难以从失败的阴影中解脱出来，甚至灰心丧气、一蹶不振。

其实大可不必，失败的滋味虽然使我们不好受，但是经受失败没有什么大不了，因为失败也并不是那么可怕。正所谓"吃一堑，长一智""失败是成功之母"，成功与失败总是并肩携手的，相辅相成，我们不能只垂青成功，也要学会感谢失败，学会微笑以对。

被誉为"光明之父""发明大王"的托马斯·爱迪生，对于失败有着自己独特的理解，他说："每个人或多或少都经历过失败，因而失败是一件十分正常的事情。你想要取得成功，就必得以失败为阶梯。换言之，成功包含着失败。"

在研制白炽灯时，爱迪生遇到的最大困难是要寻找到适合做灯丝的材料。他先用炭化物质做试验，失败后又以金属铂与铱高熔点合金做灯丝试验，还做过上质矿石和矿苗试验等，共 1600 种不同的材料试验，结果均告失败。

有人问爱迪生："你已经失败了上千次，为什么还要继续试验？"爱迪生回答："失败？没有啊！我只是知道了哪些材料不能作灯丝而已，每失败一次我就向成功又迈进了一步。"爱迪生将这些"失败"丢到脑后，继续坚持研究，最终成功研制出世界上第一枚电灯，给人类带来了光明。

"每失败一次我就向成功又迈进了一步"，可见失败并不可怕，关键在于把失败当作试金石，积极地面对失败，善于从失败中学习，不断地总结失败的教训。这样，我们就能不断提高和完善自己，变得聪明，变得坚强，变得成熟，变得完美，完成一次次难得的自我蜕变，进而更好地表现和证明自己！

英国《泰晤士报》前总编辑哈罗德·埃文斯曾说过这样一段话："每个人或多或少都经历过失败，关于失败，我想说的唯一的一句话就是失败是有价值的。面对失败，正确的做法是，首先要勇于正视失败，找出失败的真正原因，树立战胜失败的信心，然后便忘掉关于失败的一切，以坚强的意志鼓励自己一步步走出阴影，走向辉煌。你想要取得成功，就必得以失败为阶梯。"

尝试—失败—分析原因—总结经验—再尝试……每经历一次失败，就会多一次收获。所以，遭遇失败的时候，我们应该深刻反省，"我为什么会遭遇失败""我应该如何做才能将失败的损失降到最低""我能够从这次失败中学到什么""下次遇到这样的事情我应该怎么做"，等等。

就拿身边的平凡小事来说：做错了一道数学题，好好地分析总结一下，想办法从"做错了"的失败中得到经验，并且反复琢磨做错的原因，也就是解题的方法，下一次不就会了吗？做饭的时候，这次盐放多了，下次就少放点儿；这次盐放少了，下次就多放点儿，反复几次不就能烧出一手不咸不淡的好菜了吗？

在成功面前，失败的次数不怕多。可能是一次两次，也可能是几十次，甚至成百上千次。谁都不知道下一次成败与否。这样说来，失败难道不是个磨炼意志的机会吗？倒了，站起来；再倒，再站起来……在不断的跌倒站起中，我们渐渐具备了毅力，这时候就离成功不远了。

22岁，做生意失败；23岁，竞选州议员失败；24岁，做生意再次失败；25岁，当选州议员；28岁，竞选州议长失败；31岁，争取成为被选举人失败；34岁，竞选国会议员失败；37岁，当选国会议员；39岁，国会议员连任失败；46岁，竞选参议员失败；47岁，竞选副总统失败；49岁，竞选参议员再次失败；51岁，当选美国总统……

这个人就是林肯，是公认的美国历史上最伟大的总统。他，就是在一次次的失败中，一次次地崛起，一步步地走向成功的。换句话说，林肯之所以是伟人，就是因为他经历了比我们更多的失败，从中汲取了更多的经验教训，而且他在此期间锻造的钢铁般的意志，使他碰见再困难的事情也会勇敢面对。

　　的确，谁也没能把你打倒，能打倒你的只有你自己，人生的成败取决于你如何看待失败。人生不在于跌倒的次数有多少，只在于总是比跌倒的次数多站起来一次；不在于是否遭遇失败，只在于绝不被失败击倒。这正如海明威所说："世界击倒每一个人之后，许多人在心碎之处坚强起来。"

　　感谢失败，因为有失败，才有成功；感谢失败，因为有失败，才有历练；感谢失败，因为失败让人告别天真，告别痴狂，告别鲁莽；感谢失败，因为失败让人成熟，让人理智，让人坚强，让人完美。失败是一个驿站，为你的每一次征途补给充足的粮食，是为了下一段旅程的开始。回首成功这条艰难的路，真的要说一声："失败，谢谢你！"

第六辑
让生命绽放出最美丽的光彩

　　当你背着太阳行走的时候，请不要看着影子悲伤；当你向着太阳行走的时候，再落寞的影子也在你的身后。请相信，会幸福。对我们来说，人生的终点还很遥远，我们的生命正在描绘着最美丽的图画、演奏着最动人的乐章。让我们一起努力，让我们的生命绽放出最美丽、最绚烂的光彩。

学会与人分享

对于美好的事物，我们每一个人都要学会与人分享，从而使大家都能从中获得幸福感。无论是我们脸上的一个微笑，还是我们递上的一杯热茶，都会使他人感到温馨和幸福。

一日，禅师外出而归，将一棵野菊种植在寺院的后园。3 年过后，满院洋溢着浓郁的菊香。

山下的村民被怡人的花香所吸引，在得到禅师同意以后，他们不断来寺院里采挖菊花，很快，寺院里所有的野菊都不见了。

对此，禅师的弟子既不满又不解，然而，禅师却满面笑容，说："3 年以后，便是一村菊香啊。"禅师正色道，"凡事不能只想着自己一个人。只有与人分享之后，才能深深地体会那种远比独自享用更有强烈的幸福感和愉悦感。"

俗话说："施比受更幸福。"原因在于，这样做意味着我们是有帮助别人的能力的，只要我们力所能及地对他人多一份关心和付出，整个世界就会变成另外一副模样。

在现实生活和工作中，无论男女老少，每天都要和不同的人打交道。对于那种一味索取、不肯付出的吝啬者，相信没有任何一个人愿意和他们深入地交往。例如，有些人借了他人的物品或钱财，却始终记不起来"还"；又如，有些人经常和别人一起吃饭，却从来不主动掏腰包埋单；等等。所以说，做人千万不能过于自私，必须为他人着想，多从别人的角度去思考问题，有好东西或者好事情，记住与他人分享才是一件幸福的事。

分享，是维系朋友关系的基础和原则。特别是在职场中，假如我们每一个人都怀着"互惠"的心理，那么，整个社会交际场上必将被和谐和团结所笼罩。所以说，懂得与人分享，是职场中与人交往的重要策略之一。反之，如果只想着占别人的便宜，又怎么可能获得别人的信赖和情谊呢？

有这样一个爸爸，他为了让女儿学会与人相处，总是在生活细节中有意识地去启发女儿。

一天清晨，爸爸做了两碗面条，其中一碗上面有一个荷包蛋，而另一碗上面什么也没有，然后，他将女儿喊过来吃饭，问道："你吃哪一碗？"

女儿回答说："有鸡蛋的！"

爸爸回答说："哎呀！让爸爸吃这碗有鸡蛋的吧！你难道没有学过'孔融让梨'的故事吗？你都长大了，应该向孔融学习呀！"

女儿却不想退让，说道："不嘛不嘛！我就要吃有鸡蛋的！"说着，就夺过了那碗放着鸡蛋的面条。

结果，女儿却发现爸爸的碗底竟然卧着两个鸡蛋，而自己的碗里只有一个。

这时，女儿愣住了。

于是，爸爸告诫女儿说："千万要记住，只想占便宜的人，往往占不到便宜！"

过了几天，爸爸又做了两碗面，放到桌上，然后同样让女儿选择。

这一次，女儿汲取了上一次的教训，马上端起那碗表面没有鸡蛋的面条，喊道："我要向孔融学习，所以我要吃这一碗！"

爸爸笑着问："你不后悔？"

女儿坚决地回答说："决不后悔！"

然而，女儿吃到最后，也没找到鸡蛋的影子。反观爸爸的碗里，上面和碗底竟然各有一个鸡蛋。

于是，爸爸语重心长地对女儿说："想占便宜的人，可能也会吃亏！"

在第三次的时候，还是同样的两碗面，爸爸同样先让女儿作出选择。

这一次，女儿非常真诚地对爸爸说："您是长辈，您先选！"

爸爸笑盈盈地端起了那碗有鸡蛋的面，而将无鸡蛋的那碗面推给了女儿。

然而，女儿吃到最后，竟然看到自己的碗里面也藏着一个鸡蛋！

爸爸看着一脸不解的女儿，语重心长地说："凡事不想着占便宜的人，生活绝对不会让他吃亏的！"

这个故事告诉我们这样一个道理：其实，在吃亏和占便宜之间，有的时候仅是一念之差。正所谓"吃亏是福"，有时候我们表面上似乎是吃亏了，但是最后往往能获得另一种惊喜。实际上，懂得与人分享并非意味着从别人那里得到好处，而是首先拒绝掉占便宜的机会，应该说，与人分享是一种能让我们感觉更加幸福的人生境界。在我们"让利于外"的时候，他人也会认为我们是很值得信任的。这样一来，尽管我们将好处给了别人，但在我们需要帮助的时候，别人自然也不会拒绝。

在我们的人生之路上，懂得与人分享，确实是一个无比精彩的过程：与人分享一份水果，自然就会得到更多份不同口味的水果；与人分享一份欣喜，自然就会得到更多份欣喜；与人分享一份快乐，也自然就会得到更多份快乐。因此，不要再犹豫，赶快伸出我们热情的手，捧出我们热诚的心，去帮助别人、与人分享吧！

　　除了与人分享快乐和幸福之外，当我们感到痛苦和难过的时候，也可以与人分享。如果一个人将痛苦积压在心里，它就会在某一天如火山般突然爆发，其毁灭性之强，在摧毁自己的同时，也许还会摧毁了别人。因此，在我们伤心难过的时候，不妨找朋友或者亲人一起分享，向他们倾诉自己的烦闷，以使我们的心灵获得安慰，进而平静下来。总之，不管什么事情，也不管自己处于什么样的环境中，我们都要学会与人分享，这样我们才会更加幸福。

让自己内在的潜能动起来

> 才能，并不都是后天学来。其实，在我们每个人的体内，都潜藏着巨大的才能。一般情况下，这种内在潜能处于酣睡状态，然而一旦被激发，往往能做出惊人的事业。

对于一个有志向的人来说，通过挖掘自身的潜能，进而实现自己的人生目标，并不是一件非常困难的事情。

费尔德先生的儿子马歇尔在好友戴维斯的商店里做学徒。一天，他向戴维斯问道："我的孩子在您的店里学生意，最近有进步吗？"

戴维斯毫不客气地回答说："我们是很多年的老朋友，自然也用不着瞒你，以免你将来难过和后悔；我自己呢，也是一个性格直爽的老实人。你的孩子的确是个好孩子，性格稳重、成熟，这不用说，明眼人一看就知道。但他如果在我这里学生意，恐怕一辈子都无法成为一位出色的商人。他不是一块经商的料，性格生来就不适合做生意。我建议你还是把他领回家吧！"

过了不久，马歇尔来到了芝加哥，亲眼目睹许多穷孩子通过自己的努力奋斗而发迹。这让他的志气突然被唤起，他经常反问自己："别人能做出惊人的事业来，我为什么不能呢？没有人生来就不如人！"

马歇尔很快奋发起来了，他决心努力走自己的路。他的潜能一下子被激发出来，最终成了当地举足轻重的大商人。

实际上，我们每一个人的体内都蕴藏着无穷无尽的才能，一旦被激发出来，就一定能够获得成功；反之，假如不激发它，这些潜能就会慢慢地消失，最后消失不见。正如人类的指甲，在几百万年前是非常锋利而坚硬的，如一些野兽的脚爪一样，然而随着不断进化，人类不再需要这样的指甲了，于是它逐渐萎缩成了现在这样。

当然，想要激发潜藏在人体内的巨大才能，是需要合适的环境、合适的机会、合适的工作的。试想，假如马歇尔一直待在戴维斯的店里当一个小学徒，他又怎么可能成为一名大商人呢？

一般情况下，失败者失败的原因就是缺乏良好的环境，也没有力量从不良的环境中奋起振作。对于他们来说，最需要的就是一种足以激发人、鼓励人的环境。走入一种可能激发自己潜能的氛围中，努力接近那些了解自己、信任自己、鼓励自己的人，这对于自己日后的成功具有莫大的影响和助益，因此绝对不容忽视。

　　在现实中，每一个人的才能被激发的方式都不一样，有的是由于得到了朋友的真诚鼓励，有的是由于阅读了富有感染力的书籍，有的是由于听到了富有说服力的演讲。其实，最可能激发一个人潜能的是自我反省和自我审视，只有自己相信命运可以改变，而且自己也愿意改变，才有可能改变自己的命运。

爱，让我们更幸福

其实，在我们每个人的身边，都有一个细心守护的天使，带给我们这样或那样的幸福。只要我们勇敢地爱自己所爱，就一定会获得幸福。

有时候，我们会缺乏一种安全感，在我们感到开心与快乐时，也往往伴随着一点点的惶恐，甚至在应该开怀大笑的时候，却忍不住留下感动的泪水。换句话说，有时候我们总是没有办法获得单纯性的幸福。面对人生中的悲伤和欣喜，我们在坦然接受的同时，总会有或多或少的不安。

其实，在我们每个人的身边，都有一个细心守护的天使，带给我们这样或那样的幸福。只要我们勇敢地爱自己所爱，就一定会获得幸福。例如，只要我们相信，认定了牵爱人的手就是幸福的，那么我们就会安心于这真实的温暖，即使对方带你去浪迹天涯，但只要有他（她），任何地方都可以是你温暖的港湾。

有这样一个故事：

有一天，一个樵夫到山上去砍柴，偶然在山里发现了一个古老的陶土罐，他觉得这个罐子可以带回家盛东西，于是，就将它带回了家。后来抱着试试看的态度敲开了一位收藏家的门。看到罐子，收藏家双眼就亮起了光，立即出大价钱将陶土罐买了下来。

然后，这个樵夫快快乐乐地回了家，对妻子说："以后，我们再也不用担心生计的问题了，不过，那个收藏家真是够笨的，竟然肯花那么多钱买一个破陶土罐！"同一时刻，收藏家也对自己的妻子说道："有了这只陶土罐我真的感到很幸福！那个樵夫真蠢，竟然狠心地将这么好的艺术品卖掉了！"

这件事被天堂里的一群天使知道后，他们展开了激烈的讨论：一部分天使认为，收藏家拥有了精神上的东西，当然是最幸福的；而另一部分天使认为，樵夫不再为以后的生计而发愁，当然也是十分幸福的。

就在双方吵得难解难分的时候，一位年长的天使走过来缓缓地说："其实，人与人的幸福的东西都是相似的。对于樵夫和收藏家来说，他们都得到了自己喜爱的东西，所以都是幸福的。"

在现实生活中，每一个人所理解幸福的出发点是不同的，具体表现在，每一个人都爱着自己的所爱，自然追求也有所不同。

有一个出生在富裕家庭的女孩，从小就是老师家长眼中的乖乖女。在她大学毕业前夕，家里就在当地的银行给她找到了一份好工作，既轻松又挣钱多，同学们都羡慕不已，然而她却有着自己的苦恼。

原来，这个女孩从大三开始就和同校的一个男孩谈起了恋爱。尽管两个人的感情一直不错，但女孩的父母认为这个男孩能力一般，家境不好，所以就十分反对两个人继续恋爱。那么，要不要像别的情侣一样"毕业说分手"呢？然而，这个女孩经过一番深思熟虑以后，还是放不下自己的爱情，就这样，她果断和男孩一起去了外市。

3年后的同学聚会，这个女孩和男孩借故没有出席，但是，他们却成了同学们的话题。有与这个女孩有联系的同学说，她和男孩结婚以后，由于工作都不理想，所以两个人的生活非常困难。

后来，又过了3年，同学们又聚在了一起，这个女孩挽着男孩的手一起出席，让同学们吃惊的是，两个人神采奕奕，随后同学们得知两个人早已注册了自己的公司，日子也越过越幸福。最后，这个女孩感慨地说："无论婚后是贫穷还是富裕，我始终不后悔当初的选择，因为我一直都感觉自己是最幸福的。"

如此看来，拥有的多少并不与一个人的幸福程度成正比。要想成为一个幸福的人，关键在于要具有一颗相信幸福的心，一旦我们相信自己得到了想要的东西，那一定就是幸福的。

而且，这种信念完全可以将很多东西统统改变，它可以让人们由消极变积极，从幻想到实际行动，从懒惰变勤奋。总之一句话，幸福源于我们相信它是幸福的。我们每一个人，都应该大胆地去爱自己心中所爱，这样我们才会更幸福。

从前，有这样一个年轻人，由于感觉不到生活的乐趣，他选择了结束自己的生命。上帝怜惜地问他："我问你，难道你一点儿都不留恋生活吗？"年轻人忧伤地回答道："在我不满3岁的时候，我的亲生父亲去世了！10岁那年，辍学在家，后来被继父赶出了家门！20岁的时候，我开始学做生意，却被人陷害，以至于血本无归，就连与我倾心相爱的女孩也成了别人的新娘。面对这些不幸的遭遇，难道我还能继续活下去吗？"

"那你就真的没有什么遗憾吗？"

"不，我有。因为我一直都不知道幸福是什么样子！"

"那好吧，我就再给你3天的时间。"

就这样，年轻人接受了上帝的安排，重新来到了人间，开始寻找幸福。

第一天，他的灵魂跟上了一个家财万贯的富豪。他心想："富翁拥有花不完的钱财，一定非常幸福。"然而，富豪却每天都不快乐，相反，整天都提心吊胆的。并且，在富豪心底深处始终有个诅咒的声音：他们"尊敬"的其实是我的钱财而已，我对他们必须严加提防，因为一旦获得机会，他们就会露出贪婪的本性……于是，这位年轻人看到，富豪尽管有花不尽的钱，却活得十分疲惫，因为在他的世界里没有真正的爱，而只有无休止的欲望和罪恶。

第二天，他的灵魂跟上了一个沿街乞讨的乞丐。过了好半天，才有人给了乞丐半块面包。乞丐连忙开心地跑回到自己用来睡觉的破窑洞里。这个破窑洞里竟然还住着不少其他不同年龄的乞丐，大家平分了那半块面包，虽然每一个乞丐不过分到了一小口，但是，整个窑洞都洋溢着快乐的气氛。于是，这位年轻人看到，乞丐的物质世界很贫乏，但他们的精神世界却很富有，因为他们有爱，所以十分快乐。

　　第三天，他的灵魂来到了一块墓地，看到一座新坟前围着一大群人，走近一看，竟然是自己的坟墓，而正在四周悼念的人全部是他生前的朋友、伙伴以及亲人，尤其是他的母亲和继父，更是哭得伤心欲绝。于是，这位年轻人的心震颤了：竟然有这么多人深深地爱着我，为什么我生前感觉不到呢？

　　最后，上帝告诉这个年轻人，说："其实，幸福就在你身边。你一直渴望得到别人的关爱，可你自己却从来不用心爱别人，反而将你悲观愁闷的坏情绪强加给别人……你不幸福，是因为你套牢了自己。"

　　须知，爱和幸福往往是相伴相生的。想要获得幸福或更加幸福，必须拥有爱并付出爱，因为幸福的获得离不开爱的施舍。当我们给予他人帮助的时候，我们会感到幸福；当我们在被人爱着的时候，我们会感到幸福；当我们爱着他人的时候，我们也会感到幸福。总之，我们要想真正领略到幸福的真谛，心中就必须有爱。

　　杨婕在某个城市的学校担任中学老师一职，有一天，她接到了大学同学会的邀请。在一家高档的酒楼里，她看到了张盼，她的大学室友。

　　可以说，张盼这个女孩称得上是"女强人"的代表人物，因为她在大学毕业后不久，就开了自己的饭店，连锁店现在已经遍布于十几个城市。酒酣耳热的时候，同学们都围住张盼，表达自己的羡慕，微醉的张盼却苦笑着说："你们觉得我过得很好吗？其实不是的，我在大学时有个很好的男朋友，我们原本非常合适，没有理由不走到一起，然而当时的我一心想要打拼事业，忽略了他的感受，结果他向我提出了分手……没错，我现在是大老板，但是，我却一直单身，因为我一直没有找到更好的男人，而他也早就结婚了。如今，我每天晚上回到家，看到空荡荡的大房子，就会想起他。你们说，我算幸福吗？"

听完这番话，杨婕没有说话，她突然意识到，自己整天忙着备课、讲课也很幸福，因为最起码她有一个完整的家，有一个对她呵护有加的老公和一个可爱懂事的儿子。

其实，我们根本不必羡慕别人拥有的生活，正如张盼，尽管她的事业如日中天，但心底却有自己的隐痛，而像杨婕这样的普通人，内心却拥有着难得的安乐和满足，因为在她看来，夫妻恩爱，家庭和睦，这比锦衣玉食的生活更为幸福。对我们每一个人来说，在人生之路上，最可怕的不是背离自己的目标，而是远离了自己深爱着的一切。

我们每个人都应该有爱，因为有爱的人才可爱，不管是爱家人还是爱事业，不管是爱国家还是爱荣誉，不管是爱自然还是爱人类，我们完全可以从自己的爱里享受着光荣和骄傲，享受那种诗意与美好，享受风和日丽和恬静。

我们每个人都应该有爱，因为爱别人比爱自己更重要，不管那些人我们认识与否，我们都能从中学到很多智慧的东西。并且，一个甜美的微笑，一个关怀的眼神，可以像春风一样吹入别人的心中，从而使大家都能享受到这份幸福，这样一来，我们也会更加幸福。

我们每个人都应该有爱，因为只有爱才能驱走黑暗，在人生的路途上，这也是一种力量，一种坚定的力量，一种永恒的力量。假如你用一颗快乐的心去帮助别人，别人就会被你的快乐所感染，你的笑声就会使他从烦恼和忧愁中走出来。这样的我们不管走到哪里，都会受到大家的欢迎。并且，心中的爱可以给我们的人格魅力增添许多色彩。

　　爱是甜蜜，爱是温暖，爱是潺潺的溪流，爱是缤纷的彩虹。假如一个人没有爱，整天麻木地生活，和一根木头、一个机器人有什么区别呢？假如生活没有爱，那么我们就没有了任何期待，更没有幸福可言。

　　只有心中有爱，才会更懂得创造和收获；只有心中有爱，才会有好运和幸福相伴终生；只有心中有爱，才能更好地生活，才会对生活无比珍惜和热爱。因此，让爱充满我们的内心吧，因为我们应该有爱，应该更幸福！

不惧怕任何挫折，活出强者气势

　　对于很多人来说，只有到穷途末路的境地，他们才会发现自己的力量，而灾祸的折磨反而会使他们发现真实的自我。

　　在 20 世纪，海伦·凯勒绝对是一个传奇人物。美国著名作家马克·吐温曾经评价她说："19 世纪中，最值得一提的人物是拿破仑和海伦·凯勒。"而当时，海伦·凯勒只是位 15 岁的少女。

　　海伦·凯勒虽然是一位盲人，但她读过的书，远比视力正常的人要多，而且，还有许多著作问世。她的耳朵完全听不见，但她却比正常人更会鉴赏音乐。有 9 年的时间，她完全不能说话，后来，她却能巡回美国各州发表演讲，甚至有 4 年时间她参加喜剧的演出，还到欧洲旅行。她的一生，多姿多彩，曾被拍成电影。

　　海伦·凯勒刚出生时，和正常的婴儿一样，能看、能听。然而，在她牙牙学语的时候，一场突如其来的疾病使她变得又盲又聋，当年她不过 19 个月大。这使得她的性情大变，稍一不顺心，就乱敲乱打，甚至一边在地上乱滚一边乱吼乱叫。

　　父母在绝望之余，忍痛将她送到波士顿的盲人学校就读，特别聘请一位老师照顾她。从那时起，一位光明的天使出现在了海伦·凯勒的黑暗的世界里，她就是安妮·莎莉文老师，她辞去盲人学校的教职，正式教育海伦·凯勒。当时莎莉文老师不满 20 岁，却要负责教导一位既盲又聋又哑的少女，工作不可谓不艰巨。

　　莎莉文出身于穷苦家庭，10 岁时，她和弟弟两个人被收容在马萨诸塞州的救济院。由于房间不足，幼小的姐弟俩只好住进放置尸体的太平间。弟弟身体较弱，不久就病死了。而莎莉文也差一点在 14 岁时失明，然后到盲人学校学习盲文。所幸双眼并未失明，但是，她那几乎失明的视力，在她去世之前也丧失了。

莎莉文究竟如何教导海伦·凯勒呢？她如何仅用一个月的时间就和生活在黑暗、沉默世界中的海伦·凯勒沟通呢？答案是这样的：重塑命运的工具其实很简单——爱心与接纳。

关于这件事，在海伦·凯勒所著的《我的一生》中有感人肺腑的深刻描写：一个年轻的复明者，没有什么教学经验，以无比的爱心与惊人的信心，灌注入一位全聋全盲全哑的小女孩身上。先靠着身体的接触，为大家的心灵架上了一道桥，可以潜意识互相沟通。跟着，自信与自爱在小海伦的心里产生，将她从痛苦的孤独地狱中救拔出来，自我奋发，将潜意识那无限能量发挥，步向光明。

就是这个样子：两个人手携手，心连心，用爱心作为治疗剂，经过这一段不为外人道的挣扎，海伦那沉睡的潜意识力量被唤醒了。一个既盲又聋且哑的少女，初次领悟到语言的喜悦时，那种令人感动的情景，实非笔墨可以形容。海伦在自传里写道："在我初次领悟到语言存在的那天晚上，我躺在床上，兴奋不已。那是我第一次希望赶快天亮。我想再没有其他人，能够感受到我当时喜悦吧。"

此后，海伦·凯勒孜孜不倦地接受教育，在她20岁那年，终于进入大学就读。莎莉文老师也和她同行。这时，她除了和一般学生一样会看书写字之外，她还得学习说话。当时她说出的第一句话是："我已经不是哑巴了！"这个奇迹让海伦·凯勒非常兴奋，她不断地重复说："我已经不是哑巴了！"

再后来，海伦·凯勒已能够将话说得很好，只不过略带些外国腔调。她使用点字打字机著书和写稿。修正错误时，就用发夹在纸上空白部分挖个小孔注明。

海伦住在纽约市时，她家距离戴尔·卡耐基家只隔几条街。每当卡耐基出去遛狗时，偶尔也会看到她带着狼犬在庭院里散步。

卡耐基发现她有自言自语的习惯。不过，和普通人动嘴巴不同——她是动手指，就是用手语来自言自语。她的秘书告诉卡耐基，海伦·凯勒没有方位感，甚至在自己家里，也可能会迷路，如果家具的位置有一点变化，她就会迷失方向。不少人说，失明的人常具有很强的第六感觉，但科学试验的结果证明，他们的触觉、味觉和常人并没有什么明显的不同。

不过，海伦的触觉的确十分敏锐，她只要将手指轻轻地放在对方的唇上，就能知道对方在说什么。把手放在钢琴、小提琴的木质部分，就能鉴赏音乐。她还能通过收音机和音箱的振动来辨明声音，还能够利用手指轻轻地碰触对方的喉咙来听歌，尽管她自己无法唱得很优美。

假如你和海伦·凯勒握过手，5年后你们再见面时，她仅凭握手就能认出你，并知道你的外貌、性格等特征。

当然，这些特别的能力并不是与生俱来的，而是她通过顽强努力而学到的。并且，需要比常人付出百倍的辛苦才能够掌握。

人只有接受困境中的自己，才能释放心灵的能量。当我们接受了最恶劣的情况时，我们就没有什么可以损失了，从此以后所有的都将是"得"，不再有"失"。因此，不妨坦然面对最坏的状况，让心灵平安。人生的磨难就像凿子和锤子一样，能够给生命雕刻出希望和力量。

苦难是幸福的奠基石

> 幸福永远站在苦难的基石上，我们只有先战胜眼前的苦难，才能有勇气去创造新的生活，从而将幸福握在手里。

生活在这个花花世界，很多人都向往安逸的生活，而不愿意轻易去尝试苦难，这样的人生注定是平庸无奇的。而有的人对苦难却从不逃避，并且最终在战胜苦难的基础上获得了幸福，也使自己的人生获得了圆满。

其实，苦难是一笔难得的财富，关键在于如何利用，有的人因为苦难而痛苦，而有的人却因苦难而成功。正如歌中所唱："阳光总在风雨后。"假如我们没有经历过挫折和苦难，自然体会不到人生道路上的艰辛和曲折；假如我们没有经历人生的打拼和磨炼，更不会体会到幸福的来之不易。

狮子素有"森林之王"之称。有一天，他来到天神面前，说："我非常感谢您赐给我这样健壮的身体、这样强大的力量，并且，还让我具有统治这整片森林的能力。"

天神听完这番话后，微笑地对狮子说："不客气。但是这恐怕不是你今天来找我的原因吧！你看起来好像正为什么事情烦恼呢！"

狮子轻轻吼了一声，对天神说道："您说得不错！我确实是有事情要求您。因为尽管我的能力再强，然而清晨鸡叫时，我总是被突然惊醒。所以我想祈求您再赐给我一个力量，让我不再有这方面的困扰。"

天神笑着回答道："如果是这样，你就赶紧去找大象吧，我想它会给你一个满意的答案的。"

狮子听后，赶快向大象的家里跑去，结果在很远处就听见了大象"砰砰"的跺脚声。

狮子奇怪地问："大象，你为什么要发这么大的脾气呢？"

大象吼叫着说："有一只小蚊子，一直在我耳朵边飞来飞去，总想钻进我的耳朵里，将我害惨了。"

狮子同情地看着大象，心想："体型这么巨大的大象，居然会害怕一只瘦小的蚊子，那么我又有何抱怨的呢？毕竟鸡鸣也只不过每日一次，而蚊子却在一刻不停地骚扰着大象。这样来说，我比大象幸运多了。"

无论是谁，都有遇上麻烦的时候，甚至会遇到很多苦难。既然无法逃避，就应该通过自己的毅力和能力去克服它，使其向好的一方面发展。正如故事中的狮子，假如它换一种角度，将鸡鸣当成是在提醒它起床，对它是有好处的，不就没有烦恼了吗？

人生也是如此，在生命的白纸上添上"苦难"的一笔，反而会更加斑斓。其实，谁的一生都不可能是一片坦途，假如自始至终都是顺风顺水，那么，人生将会显得非常单调，而有了苦难的加盟，反而会增添许多真实和精彩。

丘吉尔曾经这样说过："苦难是财富还是屈辱？当你战胜了苦难时，它就是你的财富；可当苦难战胜了你时，它就是你的屈辱。"事实也是如此，弱者在苦难面前，很快就会消极妥协，注定只能品尝痛苦的果实；而强者面对苦难，总能咬紧牙关奋力前进，最终自然能摘取幸福的果子。

巴尔扎克说："苦难对于天才是一块垫脚石，对能干的人是一笔财富，对弱者是一个万丈深渊。"无论任何一个人，都期待自己的一生能够幸福且圆满，这就需要我们具有一颗坚韧而顽强的心，并且，还要具备一种积极、成熟的心态。可以说，成功者的生活之所以非常美好，正因为他们能够在逆境中不断地挣扎、磨炼。因此，当苦难来袭时，我们千万不能退缩，而应该积极地向苦难发起挑战，战胜自我，创造幸福的人生。

俗话说："只有吃得苦中苦，才能尝得甜中甜。"对于我们每个人来说，苦难都是一笔宝贵的财富，也是人生最好的指导老师。我们想要使自己的生活多一些光彩，多一些新亮点，更需要通过经历一些苦难来使我们的人生充实起来。总之，我们要深知苦难的益处和意义，要时刻记得——苦难是幸福的奠基石。

苦难让人变得坚强，让人变得成熟，让人变得沉稳，让人变得淡定，凡是从苦难中走出来的人一定能够更加珍惜生活、珍惜朋友、珍惜来之不易的幸福。当你处在苦难中时，如果一味地痛苦、控诉，虽然刚开始能够获取亲人和朋友的关注和同情，但是，长此下去，我们就不可能将命运彻底地改变；相反，那些在苦难中依然屹立不倒的人，则是付诸一切实际行动，顽强地与命运做着抗争。我们想要拥有苦难之后的幸福，也只有通过顽强奋斗来改变自己的命运。

不服输，永远保持一颗进取心

> 成功者和失败者之间的最大区别之处在于，成功者都有一股不服输的个性，永远保持着一颗进取心。无论他人或外部环境如何刺激，他们都会奋斗不止，即使屡战屡败，也不会丧失追求成功的斗志。

据说，美国前总统里根，在青年时代，曾经是个无赖式的人物，虽然他既聪明又机灵，也非常仗义，但却整天和一些没有正当职业的人厮混在一起，不是酗酒闹事，就是打架斗殴。有一天，他与伙伴一起将父亲一个好友的汽车偷了出去，在加利弗尼亚外兜了一圈，并且开到纽约去赌钱，输了个精光，最后连汽车也搭进去了。父亲得知这件事后，十分恼火，骂他说："你简直一点用处也没有！"

里根的自尊心被父亲的这句话深深地刺伤了。从此以后，里根开始努力学习，再也不与那些狐朋狗友来往，并很快拥有了属于自己的一份产业，直到后来成为美国最有威望的总统之一。

每个人的身体里都有潜能，这些潜能往往连我们自己也未必清楚，但在外来刺激的激发下，就会展现出来。在这样的激发之下，人生的格局必然会产生变化。然而，也有一些人，在受到伤害和侮辱等外来刺激时，不敢作出正当的反应，而说一些傻话，或是感到羞辱，或是恶语相向，最终以结怨告终。其实，这种负面的反应很容易使人生格局走向不利的一面，是不可取的。

在现实生活中，也有人通过激发别人的力量来改变自己的处境，达到自己所追求的目标。

约翰逊是美国一个富豪，他决定在芝加哥为公司总部建造一座办公大楼，然而他出入无数家银行，却始终没贷到一笔款。最后，他决定先上马后加鞭，首先将自己的 200 万美元作为启动资金，而后请一位建筑承包商，要他放手建造，自己则想办法筹集所需要的其余 500 万美元。

资金马上就要用尽的时候，约翰逊请大都会人寿保险公司的一个主管在纽约市一起用晚餐。约翰逊将经常带在身边的一张蓝图摊在餐桌上，保险公司主管扫了一眼，对约翰逊说："这儿谈话不方便，明天到我的办公室来吧。"

第二天，当约翰逊断定大都会公司很有希望给他抵押借款时，他说："非常好，唯一的问题是今天我就需要得到贷款的承诺。"

"你是在开玩笑吗？我们从来没有在一天之内给过这样的贷款承诺。"保险公司主管惊讶地回答说。

约翰逊说："你是这个部门的主管。或许你应该试试看你有没有足够的能力将这件事在一天之内办妥。"

保险公司主管笑着说："你这是逼我上梁山啊！不过，我愿意试试看。"

最后，约翰逊如愿以偿地拿到了借款，并及时回到了芝加哥。

运用激将法，必须找到并击中对方的要害，迫使对方就范。就这件事来说，保险公司主管的要害就是他对自己权力的尊严感。约翰逊在谈话中暗示，他怀疑那位主管果真拥有那么大的能力。不服输的主管听出了这意思，感到自己的权力受到了威胁，于是就证明给约翰逊看！

另外，一个人在不服输的同时，还必须时刻保持一颗进取心，这是做强自己、做大事业的思想保证，如果辅助以自强不息的奋斗实践，成功就不是难事。在取得一定的成就后，不少人就会觉得自己了不起，认为没有必要再学习新的知识和掌握新的技能。其实，抱有这种心态，就是缺乏进取心的表现。

如今，社会正处在飞速发展的时期，层出不穷的新事物让每一个人都应接不暇。我们要想应对千变万化的世界，就必须要做到不断学习。

对于自己的知识，一个人假如做不到及时更新，很快就会进入所谓的"知识半衰期"，最终难逃被淘汰的命运。据统计，当今世界 90% 以上的知识是近 30 年产生的，知识半衰期只有5~7年。人的能力就像蓄电池一样，会随着时间的流逝而逐渐流失，人们的知识需要不断"加油"、"充电"，不及时"充电"很快就会在现代社会中失去能量。因此，即使你现在的职位非常高，能力非常强，你也不能忘记及时更新你的知识，这样才能使自己立于不败之地。

任何知识都不是一本万利的。未来社会的竞争，必将逐渐从知识竞争转向学习能力的竞争。不管是个人也好，集体也罢，学习都是不可缺少的环节之一。没有好学之心，个人就无法进步；没有好学的氛围，集体的发展也会停滞不前。假如你每天花费一个小时的时间去学习未知的知识，那么在5年之后，它必将给你的生活带来意想不到的变化。

有一家美国小公司，被一家德国跨国集团收购后，新的总裁上任后宣布：公司不会随意裁掉任何一个人，但假如该员工的德语太差，无法做到和其他员工很好地交流，那么他很有可能被裁掉。一个月后，公司将通过一次考试来对员工们的德语水平进行检验。

员工们听到这个消息后，纷纷涌向图书馆，开始补习德语，只有一位叫皮尔的员工没有表现出紧张的神情，依旧和往常一样上班下班。其他人都认为他已经自动放弃这份工作了。但是当考试成绩公布后，皮尔的成绩却是最高的。领导根据成绩外加其他几项考核，决定任命皮尔担任集团公司的大区总经理。

原来，皮尔自从大学毕业后来到这家公司，就意识到：自己和别人相比，不管是知识还是经验，都没有明显的优势。从那时起，他就开始通过各种形式的学习来实现自我提高。尽管公司的工作很忙，但是他每天都坚持学习新的知识和技能。由于是在销售部工作，他发现公司有很多德国客户，又想到自己不会德语，每次与客户的往来邮件与合同文本都要公司的翻译帮忙，一旦翻译不在或忙不过来的时候，自己的工作就要受影响。因此，虽然公司没有明文规定，但是皮尔还是自觉地学起了德语。

对皮尔来说，公司被兼并这样的事情显然不是他能够预料的。但是他通过积极的学习，增强了自己的能力，从而顺利地适应了新任领导的要求。

显而易见，皮尔把自己的业余时间用来学习，为自己的事业积累"知本"，终有一天，这些"知本"会成为他事业前进的推动力。有了这种"知本"意识，成功还会远吗？

有付出才会有收获。一个人，不论他年少年长，学问越多，他的心里就越亮堂，才不至于盲目处事、糊涂做人。而一个不爱学习的人，即使大白天睁着眼，也是两眼一抹黑。因此，我们要时刻保持一颗进取心，不断地学习，不断地进步，才能让自己与社会共同进步，才能获得理想的成就。

　　鲁迅先生说："不满是向上的车轮。"不服输的心态是一个人事业成功的重要推动力量。而假如人类没有进取心，社会就会永远停留在一个水平上。具有进取心的人，渴望有所建树，争取更大更好的发展；为自己设定较高的工作目标，勇于迎接挑战，要求自己工作成绩出色。也正因为我们拥有进取之心这只"向上的车轮"，社会才能够不断地发展进步。

太阳下山了，群星还在

> 印度著名诗人泰戈尔说过这样一句话："如果你因错过了太阳而流泪，那么你也将错过群星。"

在人的一生中，不如意的事情十之八九。对于任何一个人来说，假如无法正确面对这些人生缺憾，甚至一直在他的内心深处纠结，那么就会加重他的痛苦和烦恼。

在现实生活中，人的后悔和遗憾就像是与生俱来的一样，有些事情即使过去了，但人们在回想起来的时候也难免心中懊悔。有时候，我们决定了一件事情，会后悔，不作决定，也会后悔；遇见了人生中出现的重要人物，会后悔，错过了，也会后悔；一些话藏在心里，说出来，可能会后悔，憋在心里一直不说出来，却更后悔……其实在更多时候，我们需要自己安慰自己：错过了太阳，星星还在。

在美国一个小镇的学校里，有一个班级一共有 26 个学生。

在这些学生当中，几乎每个人都曾经有过不良的人生记录，或吸毒，或进过少年管教所，有一个女孩甚至有一年内堕胎 3 次的记录。即便是这些学生的家长，也拿他们没有办法，所以说，老师和学校对他们已经几乎不抱任何希望，等于是放弃了他们。

就在此时，一个叫菲拉的女老师来到学校，做了这个班级的班主任。在新学年开始的第一天，菲拉并不像其他老师一样整顿课堂纪律，而是先给学生出了一道选择题：

有三个候选人，分别是：第一个人是笃信巫医，这个巫医有两个情妇，不仅有多年的吸烟史，而且还总是嗜酒如命；第二个人是曾两次被赶出办公室的人，他整天睡懒觉，晚上临睡前总是要喝上大概一升的白兰地，并且还吸食过鸦片；第三个人曾是国家的战斗英雄，是素食主义者，从不吸烟，只是偶尔喝点酒，在年轻的时候没有违法记录。

然后，菲拉让学生从中选出一位日后可能造福于全人类的人。不出意料，所有人都选择了第三个人。可是，菲拉公布的正确答案令孩子们都很惊讶："同学们，我知道你们一定都觉得只有第三个人才有可能给全人类造福，但是你们此次真的错了。其实，我说的这三个人分别是富兰克林·罗斯福、温斯顿·丘吉尔和阿道夫·希特勒。"孩子们听完老师的答案后，一个个都瞠目结舌。

紧接着，菲拉告诉学生："同学们，你们的人生才刚刚开始，以前的任何事情都已成为了过去，与你们的未来并没有直接关系。因此，你们快从中走出来吧，学在当下，做自己最喜欢的事情，那么你们以后就都是了不起的人才……"

正因为听了菲拉这番话，这26名学生之后的命运都得到了可喜的改变，有的成了心理医生，有的成了法官，也有的成了飞机驾驶员等。尤其值得一提的是，罗伯特·哈里森——当年那个最捣蛋的学生竟然成了美国华尔街上年龄最小的基金经理人。

这些学生在长大以后，都这样说道："我们原来都以为自己真的是无可救药了，因为其他所有的人都这么认为。但是，是菲拉老师的话唤醒了我们：过去并不代表未来，过去并不重要，把握住现在和将来才是最重要的。"

任何一个人都希望自己所做的每一件事都是正确的、有益的，但是，在人生路途上，走弯路和出错是难免的。关键是，我们在意识到自己走错的时候，应及时将方向矫正过来。要明白，此时有后悔情绪是正常的，从某种程度上来说，这种后悔其实是一种自我反省，是自我解剖与抛弃的重要前提，积极的后悔对我们走好以后的路是很有帮助的。但是，假如一味地纠结于后悔，自暴自弃，就不是明智之举了。

即使我们没有如愿以偿地得到自己梦寐以求的东西，也千万不要使我们的生活陷入忧虑和悔恨，我们要学着豁达一些、宽容一些，尽快忘记过去，把握现在，这样才能走向成功。也就是说，假如将所有的时间和精力都用在回忆过去上，那么，就等于在无情地用后悔来扼杀现在。所以说，我们每个人都不能活在过去的世界里，而应尽快忘记过去，以把握住不久将来的幸福。

对于每一个人来说，即便我们错过了温暖的太阳，但是，我们还有美丽的月亮和灿烂的群星。当我们在无意间错过太阳的时候，更应该坚持自己的努力，千万不要再错过月亮和群星，以免让遗憾上台重演。

当一些不该错过的事情和我们擦肩而过，就难免会有遗憾产生。可以说，任何一个人的一生中都会留下遗憾，或学业，或生活，或友谊，或事业，等等。有时，一句简单的玩笑，一次冲动的争论，一次不理想的考试，一次不舍的分别，一次生死的抉择，都可能使我们的命运发生改变，走上一条全新的道路。而聪明的人和愚蠢的人主要区别在于，前者会尽量避免遗憾的再出现，而后者会让遗憾再次甚至多次出现。我们只有认清自己、肯定自己，才能更好地把握现在，拥有更多的幸福。

每个人的人生只有一次，每个人的青春也只有一次。不管面对什么样的情况，我们都要认认真真地做好我们自己，珍惜宝贵的现在，珍惜现在的生活，踏踏实实过好每一天，永远不要为错过的太阳而沉浸在懊悔的情绪里，因为太阳落山了，还有群星。因此，我们要不断完善自我、提升自我，抓住一切机遇，通过自己的努力，紧紧地握住生活中的幸福，活出自己的人生价值，千万不要错过了太阳，又错过了群星。只有这样，才不枉我们活在世上一次。

　　世界上没有后悔药。《钢铁是怎样炼成的》一书中这样写道："人最宝贵的东西是生命。生命对于我们只有一次。一个人的生命应当这样度过：当他回首往事的时候，不因虚度年华而悔恨，也不因碌碌无为而羞愧。这样，在临死的时候，他能够说：'我整个的生命和全部精力，都已献给世界上最壮丽的事业——为人类的解放而斗争。'"因此，我们要把握好青春，把握好自己的命运。

幸福并不远，就在我们身边

我们总是对远处的玫瑰园存在幻想，却忘记了欣赏我们身边的花朵。

什么样的人生才是最可怜的呢？有人认为缺少金钱的人生最可怜，有人觉得没有爱情的人生最可怜……其实，人生中最可怜之处在于，对身边的幸福视而不见。

从前有一个乞丐，在路边的一个箱子上坐了 30 多年。

有一天，一位陌生人经过他身边。

乞讨者机械地举起自己的破毡帽机，喃喃地说："施舍点儿吧。"

陌生人说："真的很抱歉，我没有任何东西可以给你。"然后不解地问他，"那么你坐在这里究竟是为什么呢？"

乞丐说道："我只拥有一个旧箱子，自从我记事以来，我一直在它上面坐着。"

陌生人问："你知道里面装的是什么吗？"

乞丐说："不知道。"

陌生人说道："你不妨打开箱子看一看。"

乞丐试着将箱子打开，竟然发现箱子里全都是金子。

现实生活中，有些人明明已经拥有了许多物质上的财富，却还在抱怨自己没有欢乐，没有成就感，没有安全感，并且到处寻找这些东西。其实，他们已经拥有了很多幸福，只是他们自己没有发现。

从前，有一个国王，准备送给心爱的女人一件珍奇的礼物，于是，他拿出来一口袋珍珠，让她从中挑选一颗最大最完美的。

但是，这个国王定下了一些条件：她只能从中挑选一颗，并且只能拿一次，然后作出决定，接受或放弃，而不能重新在已淘汰的珍珠中挑选。

就这样，这个女人高兴地从中挑选珍珠，不过一次只能从口袋里拿出一颗。但是，当她看到这么多的珍珠以后，就一直想着要找出一颗更大一点和更完美的珍珠，所以，她很快淘汰了很多颗珍珠。

当她往口袋的底部寻找珍珠的时候，她竟然发现珍珠变得越来越小，而且品质也越来越差，并且还夹杂着鹅卵石，然而，此时的她已经不能回头选择已经放弃的珍珠了。

最后，女人将口袋翻了个底朝天，却再没有发现更好的珍珠，于是她只好流着泪、空着手带着一脸悔恨离开了。

在现实生活中，很多人总是渴望自己能够拥有一份更好的工作、一个更优秀的对象、一栋更大的房子或者其他什么东西，却总是在不经意间忽略自己身边最好的"珍珠"。实际上，在我们因匆忙寻找而变得焦头烂额的时候，或许我们要找的"珍珠"并不在远方，而始终在我们的身边，只是我们没有意识到它们的宝贵而已。

生活在节奏飞快的城市中的我们，有时候会明显感觉到身边的一切都是那么陌生，很容易迷失自我，以至于不知不觉中忘记了幸福的方向。于是，我们开始不断寻觅，试图满足自己的心愿，找到属于自己的幸福。

然而，幸福究竟是什么呢？它又在哪里呢？其实，幸福和爱情、荣耀一样，并没有一个准确而明确的定义。我们每一个人的心中，都或多或少地存在对幸福的欲望，处于不同的人生阶段，所期待的幸福也会有所不同。然而，生活往往是充满变化的，因而有时难免会发生一些意外，让我们感觉始终达不到自己对幸福的期望值。

有一位哲人说："幸福源于比较。"

不错，与那些四肢不健全或疾病缠身的人相比，我们是幸福的，因为我们拥有着健康的体魄，没有疾病带来的痛苦和困扰，也不用为高昂的医疗费而发愁。

而与那些身患绝症的人相比，那些轻微病症的病人也是幸福的，因为通过治疗就可以康复，重新过上健康的生活。

与那些为失恋而痛苦或一生未能获得爱情的人相比，我们是幸福的，因为我们的身边幸福地拥有着一个他，享受着爱情的甜蜜，或许你的他不懂浪漫，不会在情人节送花或者送礼物给你，但是他会在你难过的时候送上一个温暖的怀抱，或者在你开心的时候在你身边与你分享。

与那些孤独老人或失去亲人的人相比，我们是幸福的，因为，我们可以时常和家人在一起聊天、喝茶、吃饭、谈心……有时，即使是简单地看着家人忙碌，也是一种幸福。

与那些在地震、海啸等自然灾难中丧生的人相比，我们是幸福的，因为我们能幸福地生活在这个世界上，呼吸新鲜的空气，享受温暖的阳光，感受变换的四季，过着充实而忙碌的生活，这也是幸福。

而对于一部分人来说，幸福缘于心中没有过多的欲望。

有一个国王在他的后花园里散步，突然，他惊讶地发现其中有不少植物已经枯萎了，这是为什么呢？原来，松树羡慕葡萄可以结出很多的果实，而自己却不能，郁闷致死；葡萄由于自己整日整夜地趴在木架子上，不能像桃树那样开出美丽的花朵，生气致死；桃树羡慕松树的高大，所以一下子厌倦了这个世界，轻生而死；牵牛花因为自己不能像紫丁香那样散发出芬芳，所以也死气沉沉的……只有小草健康快乐地生长在地上。

其实，小草之所以能够正常地生长，正是因为它们心中没有过多的欲望，所以反而显得生机盎然，展现出了自己独特的风采。

然而，在现实生活中，很多人拥有了金钱、名利等，却依然对自己的现状不满，觉得自己不幸福，并且还时不时地与别人比来比去，总是认为别人得到的东西才是最全、最好的。殊不知，在这种不懂得满足的消极心态下，就算是幸福站在他们面前，他们也抓不住。

其实，一个人幸福与否，和他的年龄、性别和家庭背景等并没有太大关系，而关键在于他是否具有轻松的心情和良好的健康状况。具体说来，要做到以下几点：

第一，不贪图安逸。对于那些不懂得幸福的人，往往在离开安逸的生活以后，才能真正体会出幸福的真正含义。也就是说，假如一个人从来都不要求自己去进行某些改变，自然就非常缺乏生活经验，对幸福难以理解也就不足为奇了。

第二，不抱怨生活。幸福的人在面对困难和挫折的时候，从来不会去计较"生活为何对我如此不公平"等类似的问题，而是面对现实情况，积极地付诸行动，做出相应的努力，从而解决问题。

第三，避免消极情绪。一个人要想获得心灵上的幸福，必须保持一种乐观豁达的心态，避免产生不好的消极情绪。

第四，学会挤时间。一个幸福的人，几乎感受不到自己一直被时间牵引着，而是自己主动把握时间，挤时间做自己认为最有意义的事情。

第五，要心怀感激。一个人只有心怀感激，才会产生幸福感。那些不幸福的人，总是对生活充满抱怨，总是盯着自己甚感不满的地方。而幸福的人，都会将自己的目光聚焦于自己开心的事情上

第六，给自己制定一个目标。凡是幸福的人，总是不忘时刻给自己制定合适的目标，不仅有短期目标，而且有长远目标，可以说，为实现目标和理想而活着，这就是带给幸福者的深刻体验。

第七，多交朋友。俗话说："多一个朋友，多一条路"，所以，做人一定要广交朋友。有时，一段深厚的友谊足可以让我们感到幸福。例如，我们因生活的困境而黯然神伤的时候，能够得到朋友给我们的帮助和鼓励，就是一种幸福。

第八，对工作付出百分百的努力。对工作努力和专注的人，更容易产生愉悦感，因为富有激情的工作劲头能将他们的潜能挖掘出来，并给他们带来充实感和幸福感。

第九，给自己加大动力。一生中，我们难免会有被某些人或者某些事激怒的时候，也难免会有感到恐惧的时候，那些幸福的人，总是设法从中获得一些动力，从而让自己勇往直前。

最后，要让一切井井有条。一个幸福的人，他的生活和工作一定是整齐有序、井井有条的。无论在思想上，还是在行动上，我们都要有清晰明朗的路线和策略，这会促使我们产生乐观轻松的心态，同时让我们获得幸福和满足。

　　每一个人对幸福的定义都有着不一样的理解和诠释，所以他们所追求的幸福也不尽相同。在现实生活中，我们自己认为的种种平凡，很可能就是他人心中的奢望。要时刻牢记，幸福离我们很近，就在我们的身边。因此，我们要把握住身边的幸福，而不必到处辛苦地去找寻。只要我们的心是知足的、安定的，在哪里都能找到自己的幸福，在任何时刻都能发现幸福。

退让的艺术

> 退一步海阔天空，让三分风平浪静。面对险峻的高山，河流选择了退让，于是它在蜿蜒的山谷中奏响了叮咚的乐曲。

为人处世，忍耐必不可少。

《动物世界》里讲过这样一个故事。

有两种蓝甲蟹，都生活在海滩上。一种脾气冲动，喜欢争强好胜，总是会和身边的蓝甲蟹发生冲突；而另一种则极其能忍，无论遇到什么样的挑衅，它都像死了一样躺在沙滩上，任凭对方蹿上跳下而毫无反应。经过千百年的演变，人们发现，那种凶猛的蓝甲蟹在不断的冲突厮杀中，数量越来越少，几乎到了灭绝的地步；而那些总是躲起来，不与其他蓝甲蟹发生正面冲突的蓝甲蟹非但没有遭遇灭顶之灾，反而繁殖得越来越旺盛。

读完蓝甲蟹千年演变的故事，不妨试想：假如我们像凶猛的蓝甲蟹那样，因为一时冲动而意气用事，非要和别人厮杀一番，很可能是两败俱伤的结局。而适当地忍让一下，控制自己的行为，可能是解决问题的最好方法，生活也将少些不必要的怨悔。

俗话说："退一步海阔天空，让三分风平浪静。"忍让，不是出于畏惧，而是人生的大智慧。在这热闹嘈杂的尘世间，有太多的是是非非，胸怀宽广一点，温和宽容一点，适当做出退让，那么很多事情都可以大事化小、小事化了。

韩信是西汉是的名将，他助汉王刘邦取得天下，可以称得上是家喻户晓的英雄人物。但是，当他还是一个贫困潦倒的平民百姓的时候，曾受到一个地痞无赖的侮辱，要求他从对方的裤裆下钻过去。面对这等奇耻大辱，韩信很想将地痞斩于剑下，但他深知"包羞忍耻是男儿"的道理，便克制住了自己的冲动，弯腰趴地，硬是从地痞的裤裆下钻了过去。

围观的人纷纷认为韩信是一个懦弱的人。因为在常人看来，"胯下之辱"这种奇耻大辱，任谁也无法忍受，然而韩信爬过去了！实际上，这正说明韩信是一个能屈能伸的男子汉。试想，假如韩信当时一气之下宁折不弯地杀死那个地痞，情况会怎样呢？他免不了要吃官司，做一个名不见经传的枉死鬼，或者只能亡命天涯，过着颠沛流离的生活，命运也可能是另外一种情形，那么，历史上又怎么会有叱咤风云的大将军韩信呢？

那些有一定影响力、令人佩服和敬仰的人，从来不会与人争论得脸红脖子粗，即便对方恶语相向，他们也不会以牙还牙，而是控制自己的情绪和心态，心平气和。而当他们这样做的时候，这种厚积薄发的气势也会为他们带来更大的成功。

斯坦顿曾任美国陆军部长，他是一个非常爱面子的人。一天，斯坦顿接到一位少将的电话，他的脸色一下子变了，最后狠狠地摔门而去，来到总统林肯的办公室，气愤地说："一个少将，居然敢那样对我说话。哼，他说我有私心，偏袒个别人。"

林肯听完斯坦顿的抱怨，作出一副愤愤不平的样子，说："你既然这样生气，为什么不写一封最尖酸、最刻薄的信，骂一骂那个可恶的家伙，然后与他绝交呢？"说完，便将笔递给斯坦顿。斯坦顿伏在茶几上当即写信把那个人痛痛快快地骂了一顿，写好后，他将信拿给林肯过目。

林肯看完之后，说："斯坦顿，你写得太棒了。就应该这样好好地教训他一顿。但是，我想你并不是真的打算要把这封信寄给他吧？我认为，你可千万不能寄啊！你看到炉子没，你还是将这封信烧掉吧！"

斯坦顿心里非常疑惑，不明白林肯的意思。林肯认真地说："你在写这封信的时候，你已经宣泄了你的愤怒之情。假如你把这封信寄出去的话，不仅于事无补，反而会进一步加深你们之间的矛盾。照我看来，你是他的上司，要懂得忍让一点才对。实话告诉你，这样的信我写过很多，但却从来没有寄出去过。"

这时候，斯坦顿的满腔怒火已通过写信发泄了出去，听了林肯的忠告后，更是感慨万千，心情也随之轻松了，于是接着又写了一封检讨自己的信。后来，那名少将收到斯坦的信，专门拜访了斯坦顿，向他表示了歉意，并表示再也不会有下次。

这个故事，被后人传为一段佳话，而没有寄出的信件，也被公认是消除怒气与烦闷的良方。我们也不得不承认，林肯的宽大仁爱，是他的最大魅力之一。

面对暴虐的狂风，小草选择了退让，于是风暴过后它又挺拔出了生机；面对险峻的高山，河流选择了退让，于是它在蜿蜒的山谷中奏响了叮咚的乐曲；太阳面对夜幕，太阳选择了退让，于是月光的轻柔洒满了大地。

活在这个世上，每一个人都有自己独特的秉性和棱角，适时适当地做出让步，以柔克刚，或者选择避让，我们的人生就会多一点安然、快乐和智慧，与之相应，纷扰、忧愁和愚蠢也会少一点。

大文学家维吉尔说过："无论遇到什么事，命运终将被忍耐战胜。无论发生什么事情，我们都应该首先考虑退步忍让。"在我们的生活中，忍让是非常需要的。说得直白一点，就是要学会"忍"，学会"让"，学会示弱，随时随地让生命保持最佳弹性。

幸福需要自己去勾勒和创造

> 其实，我们每天生活在这个世界上，就意味着我们是有福气的，并且，我们要懂得珍惜每一份幸福，因为它们都是来之不易的。

生活在现实世界中的我们，每一个人都期望能够拥有属于自己的小幸福，可以是来自工作的，可以是来自家庭的，也可以是来自好友和伙伴的，等等。特别是，在这个世界上，男人和女人在组成一个家庭以后，就更希望自己能够每天拥有一种具有浪漫情怀的幸福与渗透着甜蜜的快乐。

其实对于男人来说，他们在不经意间的一句简单的赞美，或者将路边的野花插在爱人的鬓间这一小小的动作，爱人就会开心不已；而女人，可以在清晨起来为自己的丈夫亲自下厨煎几个荷包蛋，准备一份早餐，男人也会为此感到自己比世上任何一个人都幸福；在情人节或其他有纪念性的节日，可以给对方送上一份简单而又有意义的礼物，因为这不仅能让对方的感性获得满足，还能让对方内心感到非常的幸福。

再比如，有时候，父母由于自己经济能力的原因，不能让自己的子女到所谓的私立学校去上学，但是完全可以利用自己的业余时间陪孩子去书店、图书馆阅读，这样一来，孩子不仅能从书中吸取很多的课外知识，而且还能够获得身心上的安全和幸福；有时候，子女可以帮助父母下厨房，一起做一桌可口的饭菜，这当然也是生活中的一种幸福。

任何一个人，只要用心，都可以制造出一点点快乐、一点点幸福。例如女人，她不一定长得非常漂亮，也可以没有苗条美丽的身材，但是，只要拥有温柔的表情，甜甜的笑容，能够将整个家打理得井然有序，甚至做上一桌可口的饭菜，自己的家里就会如同阳光般温暖，她的丈夫和其他家人自然也会感受到幸福。再比如男人，他可以没有多少金钱，只要他的身躯能够给妻子和家人一份依靠，那么他们一家也会过得十分幸福。总而言之，一个人要想变得幸福和快乐，纯然是靠自己美丽的心灵，只要自己对生活知足、感恩就可以轻松地做到这些。

从前有一个出生于普通家庭的女孩。她在上小学的时候，有一天和小朋友一起在草坪上玩耍。突然，天空中飞过一架飞机，当时，她抬头一看，以为自己做了一个白日梦，自那日起，她就开始梦想着自己有一天一定要坐飞机去远方。

大学毕业以后，她找到了一份称心如意的工作，并且，工作上非常刻苦和努力。很快，她就坐上了主管的位置，不断前往各国洽谈公司项目等事宜。而飞机自然也就成为她最常乘坐的交通工具了。

通过这个故事，我们可以明白这样一个道理：幸福不会从天而降，而是需要自己用双手去勾勒和创造的。当然，前提是我们要深信自己有这个能力，首先自己要有一个确切的理想和目标，其次是每天通过自己的辛勤努力朝着那个目标前进。与此同时，我们的说话方式和做事原则，也都会逐渐向好的方向转变，进而就能使我们走向成功的彼岸。

其实，我们每个人活在这个世界上一天，就意味着是有福气的，并且，我们要对每一份来之不易的幸福倍加珍惜。当我们到了年逾古稀的时候，我们再回头想想自己的人生经历，也许会发现，我们在某一个人生阶段的类似白日梦的想法最终成为了现实，实际上这就是我们制定的目标存在的实际价值，同时也证明——幸福完全可以由自己勾勒和创造。

从现在开始，我们每一个人都要用更加宽容、更加积极的心态，去感受、感悟和表达我们拥有的幸福。并且，时刻要记住，幸福就存在于我们生活的点滴之中，只要我们主动去勾勒、创造它的模样，它就会伴随我们的一生。

发自内心的微笑

假如你希望别人看到你的时候心情愉悦的话，那么你一定要牢记：当别人注视你的时候，一定要在自己面容上展露最美的微笑。

纽约有一位女士，她继承了一大笔遗产。有一次，她受邀参加一个宴会，并花费重金买了貂皮、钻石和珠宝来打扮自己，希望给与会的每个人都留下良好的印象。但是，她对自己的表情却没做任何控制，脸上充满了严肃和尖酸刻薄。因此，她虽然看起来满身珠光宝气，却没有一个人主动向她表示友好。

施瓦伯曾对别人说：他的微笑价值百万。这句话无疑是非常正确的，因促使他成功的主要因素正是他的性格、魅力以及令人欢喜的能力。而他那能够打动一切人的微笑，也正是他个性中最可爱的因素之一。

行动胜于一切言论。微笑会告诉对方："我喜欢你。你使我快乐。我见到你很高兴。"

史蒂芬·史波尔是密苏里州雷顿市的一名兽医，他曾说过这样一件事：

有一年的春天，许多人挤在他的候诊室里，等着给他们的宠物注射疫苗。谁也没有心思说话，脸上都是一副不耐烦的样子，心里都觉得坐在那儿是浪费时间。就在这时候，走进来一位女士，她抱着一个9个月大的孩子和一只小猫，坐在了一位男士的旁边。这位男士朝边上看时，发现那个小孩正注视着他，并天真无邪地向他笑着。这位男士随即也对那个孩子笑了笑，然后就和那位母亲热情地攀谈了起来。很快，整个候诊室的人都互相聊了起来，气氛瞬间活跃了。对于每个人来说，这都是一次愉快的体验。

当然，微笑是要发自内心的。不真诚的笑是机械的，很容易被人识破的，因此反而会令人感到厌恶。只有那种真挚的、发自内心的微笑，才是在人际交往中极具价值的微笑。

詹姆斯·麦克奈尔是密歇根大学的心理学教授，谈了他对微笑的看法。他说："那些笑脸常在的人，在教育和推销当中会更容易成功，更容易培养快乐的下一代。鼓励比惩罚更能起到有效教育的原因就在于，笑容比皱眉头更能传情达意。"

纽约一家大百货商店的人事经理也告诉朋友，和一位面孔冷淡的哲学博士相比，他更愿意雇一个带着可爱微笑的小学未毕业的职员。

虽然我们无法看到笑的本质，但却无法忽视它的作用。遍布全美国的电话公司有一个栏目叫"声音的威力"，这个栏目是为用电话推销产品和服务的业务员提供的。在这个栏目中，电话公司建议你在打电话时，应该保持微笑，并通过你的声音将微笑传递给对方。

假如你希望别人看到你的时候非常愉快，那么当你看见别人时，你首先要心情愉悦。

纽约证券交易所会员威廉·史丹哈德说："我已经结婚18年了！在此期间，我从起床到准备好出门上班，我都很难对我的妻子微笑，或说上一两句话。在大街上那些上班族中，我或许是脾气最坏的一个。有一天早上，我在梳头的时候，我就看着镜中那副阴沉的面孔，对自己说：'从现在开始，你必须把你的愁容从脸上扫除。你要微笑。'我坐下吃早餐的时候，脸上带着微笑对妻子说：'亲爱的，早上好！'我想到她可能会感到惊讶。但是，我低估了她的反应。她不仅迷惑不已，甚至惊呆了。我告诉她，她将来可以每天都看到这种愉快的微笑。从此以后，我每天早上都这样。由于我改变了态度，使得我们家在这两个月中所得到的快乐，比过去一年的还多。

"当我去公司的时候，我会对遇见的每一个人说'早上好！'并且对他微笑。我在地铁售票处兑换零钱的时候，也会以微笑和服务员打招呼。当我站在交易所大厅的时候，还会对那些以前从未见过我微笑的人微笑。

"很快，我就发现大家都对我报以微笑。对于那些发牢骚和抱怨的人，我面带微笑地接待他们并耐心地倾听他们的抱怨，结果问题变得更容易解决了。我发现微笑给我带来了财富，我每天都会收获许多财富。

"我同另一位同事共用一间办公室。他是一个可爱的小伙子。我对我所取得的进展非常高兴，所以将自己最近学到的人际关系新哲学教给了他。他最后说，当他最初和我共用办公室的时候，他还以为我是个郁郁寡欢的人呢——直到最近他才改变了这一看法。他说，当我微笑的时候十分亲切。

"现在我改掉了爱批评人的习惯。我只是欣赏和称赞别人，而不指责。我也不再谈论自己的需要，我现在总是从别人的立场来分析问题。我的生活真的被这些做法改变了。我现在已经变成了一个无比快乐、无比充实的人，更重要的是，我还收获了友谊和快乐。"

由此可见，以微笑示人，不但可以获得快乐，更能够在人前树立一个良好的形象。当我们在一个个长夜里反思白天的得失时，也许我们最应当问自己的一句话就是："今天你微笑了吗？"

平凡的生活中，一抹微笑如同一道阳光，不仅能够照亮自我阴暗的心空，还能温暖周围潮湿的心灵。生活在这个尘世，我们经常会面对冷漠的面孔、阴郁的眼神、恶意的中伤甚至阴险的陷阱等，然而，即便我们周围的世界令人痛苦不堪，即使我们心灵的天空乌云密布，也不能忘记笑对人生。生活就像一面镜子，当你对它展颜欢笑时，它回报给你的，一定也是美丽的笑容。

当百合遇到玫瑰

在这个世界上，每一个人都是一朵独一无二的花朵，并以自己独特的姿态展现在世人的面前。假如你是一朵纯洁的百合，就不必去羡慕高贵的玫瑰。

读过这样一则寓言：

猪说："如果让我再活一次，我想做一头牛，工作虽然累，但名声好啊！"

牛说："如果让我再活一次，我想做一头猪，想吃就吃，想睡就睡，和神仙一样！"

鹰说："如果让我再活一次，我想做一只鸡，有水有米，饥渴不愁，还受人保护！"

鸡说："如果让我再活一次，我想做一只鹰，可以搏击苍穹，遨游四海。"

……

这是一种很有意思的现象：风景别处独好。在现实生活中，不少人总是不由自主地羡慕别人所拥有的东西，而对自己所拥有的视而不见。例如，成人向往孩童时的清纯率真，却看不到自己的成熟稳重；女孩羡慕男孩的坚强豪放，却忽略了自己的娇嗔灵动……其实，这种向往和羡慕是无益且不必要的。玫瑰有玫瑰的娇艳，百合有百合的清雅，两者都是可爱的，何必一定要放在一起对比呢？又何必要互相羡慕呢？所以说，如果你拥有一朵百合，那么就不必羡慕玫瑰。

其实，每一个人都不是像我们想象的那样美好，不是我们眼中看到的那样光鲜。每一个人都是在现实和理想的差距中努力、挣扎、痛苦着，都有不愿意让别人看到的弱的一面，又因为不想让人觉得自己过得不如别人，所以展示在别人面前的大多只是虚华的一面。即使你和别人可以互换，你也不一定会获得真的快乐。

有一个农夫和一个和尚，分别住在河的两岸。

农夫看和尚每天无忧无虑地诵经敲钟，生活轻松，十分向往。而和尚每天看农夫日出而作、日落而息，生活非常充实，也相当羡慕。因此，他们心中产生了一个念头："到对岸去！换一种新生活！"这天，他们商量过后，达成了交换身份的协议。

当和尚成为农夫之后，发现每天不仅要耕地除草，而且还要应付俗世的烦恼和困惑，这让他苦不堪言。而农夫做上了和尚后，却发现敲钟诵经的工作貌似悠闲，实际上却十分烦琐，每个步骤都不能遗漏。更重要的是，僧侣生活非常枯燥乏味，让他感觉无所适从。最后，他们的心中同时响起了另一个声音："还是做回自己吧！"

在很多人的心里，往往存在这样一种想法："没有得到的，才是最好的。"其实，这完全是人的心理作用，当梦醒的时候，就会发现自己拥有的才是最好的。而且，我们在羡慕别人的时候，别人也在羡慕着我们，我们也是别人眼中的风景。既然这样，我们又何必去羡慕别人呢？还是感谢上天所赐予我们的一切吧！

将心静下来，摆正自己的心态，学会关注自己，理性地分析生活，用欣赏的眼光享受当下的美景，以积极的心态看待自己所拥有的。你不难发现，自己原来是这样的富足，还有什么理由不快乐和不满足呢？

黄美廉是著名的作家、画家和艺术家，但她生下来不久就被诊断出患有脑性麻痹，全身不能正常活动，肢体没有平衡感，手足时常乱动，口齿不清。尽管如此，她却靠着无比的毅力与信仰的扶持，在美国拿到了美国南加州大学艺术博士。黄美廉还在台湾开过多次画展，并用她自己的事例，现身说法，帮助他人。

有一次，黄美廉应邀到一个场合"演写"（由于不能通过语言正确地表达自己的意思，每一次演讲，她总是以笔代嘴，以写代讲）。

会后发问时，一个学生问："黄博士，您从小就长成这个样子，您会认为老天不公吗？在人生的旅途上，您有没有怨恨？"对一位身有残疾的女士来说，这个问题是那样的尖锐而苛刻，在场人士无不捏一把冷汗，生怕会深深刺伤黄美廉的心。

但是，黄美廉却不介意，只见她回过头，用粉笔在黑板上吃力地写下了"我怎么着自己"这几个大字。她笑着回头看了看大家后，又转过身去继续写着：

一、我好可爱！

二、我的腿很长很美！

三、爸爸妈妈这么爱我！

四、上帝这么爱我！

五、我会画画！我会写稿！

六、我有只可爱的猫！

……

黄美廉一下子写出了几十条让她热爱生活的理由，并且，热爱得那样的理直气壮。看着黑板上写下的理由，整个"写讲会"上鸦雀无声，大家都感动得热泪盈眶，再也没有人多说话了！

黄美廉转过身来看了大家一眼，再回过头去，在黑板上写下了她的结论："我只看我所有的，不看我所没有的。"众人安静了几秒钟后，全场一下子响起了如雷般的掌声。

在他人看来，黄美廉是那么不幸，可是她为什么一点也没有觉得自己不幸呢？很简单，她只看自己所有的，不看自己所没有的。对于别人的生活，她从来不羡慕，只关注自己所拥有的，生活在自己的世界里，所以才能不受外界的干扰，专心干自己的事，进而取得了显著的成就。

"玫瑰就是玫瑰，百合就是百合，只要去看，不要攀比。"不要再去羡慕别人怎样怎样，好好算算上天给你的恩赐，接受它，并且善待它，把握自己所拥有的，并用适当的方式来向他人证明"我活得很好"，这是一种乐观而自信的心态。

　　不羡慕别人，你的日子就会变得悠然平静，从容不迫；不羡慕别人，你的内心就会变得豁达开朗，快乐舒畅；不羡慕别人，你才会过好自己的生活。你是玫瑰也好，百合也好，都不必羡慕别人的美丽，只要用心地做好自己，花团锦簇、香气四溢的日子早晚会来临。